商务数据分析系列丛书

U0290825

数据采集与处理

谷　鹏　陈美荣　主编

电子工业出版社·
Publishing House of Electronics Industry
北京·BEIJING

内 容 简 介

只要有数据产生的行业就需要数据分析，以数据驱动的产品和经营活动更需要数据分析，而合理地完成数据采集与处理是进行数据分析的基础。

本书以普及数据采集与处理的基础知识，培养数据采集与处理的基本技能和素养为目标。全书分为7个学习项目，分别为电子商务数据概述、电子商务数据采集、市场数据采集、运营数据采集、产品数据采集、数据分类与处理、数据可视化呈现。

本书参照最新的岗位技能需求设计项目任务，在编写的过程中加入企业真实案例，全面、系统地介绍了电子商务数据采集与处理的基础知识，以及数据采集工具、方法及流程，并根据数据分析中常见工作场景的主题引入了任务情境，讲解了市场数据、运营数据、产品数据的采集、处理与可视化呈现。

本书脉络清晰、语言简洁、图解丰富、案例详尽，既可作为本科院校与职业院校电子商务专业、物流管理专业、国际贸易专业和国际商务专业学生的教材，又可供从事电子商务工作的有关人员参考、学习、培训使用。

图书在版编目（CIP）数据

数据采集与处理 / 谷鹏，陈美荣主编. -- 北京 ：电子工业出版社，2025. 1. -- ISBN 978-7-121-48772-9

Ⅰ．TP274

中国国家版本馆 CIP 数据核字第 202489GY25 号

责任编辑：张云怡

印　　刷：中煤（北京）印务有限公司
装　　订：中煤（北京）印务有限公司
出版发行：电子工业出版社
　　　　　北京市海淀区万寿路 173 信箱　　　邮编：100036
开　　本：787×1 092　　1/16　　印张：15.25　　字数：381 千字
版　　次：2025 年 1 月第 1 版
印　　次：2025 年 1 月第 1 次印刷
定　　价：59.00 元

前　言

企业在经营过程中积累了大量数据，对这些数据进行采集、处理与分析，能够更精准、更科学地辅助企业发展。数据分析在不同行业、不同职能部门所起到的作用有所不同，但在数据时代，能够更好地发挥数据作用的企业必定能抢占发展先机。数据的重要性不言而喻，掌握数据分析的相关知识与技能已经成为新型人才必备的技能。因此，各高校也越来越重视数据分析类人才的培养。

鉴于此，一批具有一线教学经验的教师团队及具有丰富实践经验的企业专家通过前期的工作岗位调研，结合数据采集与处理的实操要求，有针对性地编写了本书。

为了满足教学实践需要，凸显本课程的实践性，本书以真实案例为根基，将数据采集与处理拆分为具体的任务，以数据采集与处理的工作内容为主线，讲述有关电子商务数据概述、电子商务数据采集、市场数据采集、运营数据采集、产品数据采集、数据分类与处理、数据可视化呈现的知识和技能，以指导初学者快速掌握数据采集与处理的知识和技能。

本书采用项目教学模式的编写体例，每个项目都采用"知识目标—技能目标—任务分解—任务情境—任务分析—任务实施—知识链接"的体例结构，旨在帮助学生全方位、多角度地掌握数据采集与处理的知识和技能。本书按学习、理解流程的线性发展由浅入深地设置了以下学习项目。

项目一　电子商务数据概述，重点介绍电子商务、电子商务数据及电子商务数据采集与处理的基本流程等内容。通过项目一的学习，学生可以了解电子商务、认识电子商务数据并掌握电子商务数据采集与处理的基本流程，为后续内容的学习奠定基础。

项目二　电子商务数据采集，重点介绍电子商务数据认知、数据采集方法、电子商务数据的来源及数据采集工具等内容。通过项目二的学习，学生可以了解数据采集方法、电子商务数据的来源，并能够区分在不同场景下需要使用的数据采集工具。

项目三　市场数据采集，重点介绍市场数据认知、行业数据采集及竞争数据采集等内容。通过项目三的学习，学生可以掌握市场数据采集的必备知识与技能，并将其应用到具体的数据采集实践中。

项目四　运营数据采集，重点介绍运营数据认知、客户数据采集、推广数据采集、销

售数据采集及供应链数据采集等内容。通过项目四的学习，学生可以掌握运营数据采集的必备知识与技能，并能够完成具体的运营数据采集工作。

项目五 产品数据采集，重点介绍产品数据认知、产品行业数据采集及产品运营数据采集等内容。通过项目五的学习，学生可以掌握产品数据采集的必备知识与技能，并能够完成具体的产品数据采集工作。

项目六 数据分类与处理，重点介绍数据分类与处理认知、数据分类统计、数据处理及数据计算等内容。通过项目六的学习，学生可以掌握数据分类与处理的流程及方法，并能够将其应用到电子商务运营实践中。

项目七 数据可视化呈现，重点介绍数据可视化认知、报表制作及图表制作等内容。通过项目七的学习，学生可以了解不同类型图表的特性，并能够根据数据分析需求选择合适的图表进行可视化呈现。

本书由北京市商业学校携手北京博导前程信息技术股份有限公司共同编写。本书由谷鹏、陈美荣担任主编，并负责教材内容设计、样章设计及教材质量审校；郭琼、张杰、周荣、付强、张婉婷、刘金、王君赫、邱添添、胡渤（排名不分先后）等老师任参编，并负责教材具体内容开发。

在编写过程中，编者借鉴参考了一些出版物的信息与网络数据，也得到了很多企业、院校专业人士的大力支持和帮助，在此一并向他们表示感谢。

本书在编写过程中力求准确、完善、贴合行业发展，但难免存在疏漏和不足之处，敬请广大读者批评指正。

编　者
2024 年 5 月

目　　录

项目一　电子商务数据概述

知识目标

（1）认识电子商务与电子商务运营。

（2）了解电子商务数据化运营的概念及其对企业的意义。

（3）认识数据与电子商务数据。

（4）熟知电子商务数据的类型。

（5）了解电子商务数据指标。

（6）掌握电子商务数据采集与处理的基本流程。

技能目标

（1）能够阐述数据采集与处理的基本流程。

（2）能够对电子商务数据进行分类。

任务分解

本项目包含了3个任务，具体如下。

任务一　了解电子商务；

任务二　认识电子商务数据；

任务三　电子商务数据采集与处理的基本流程。

本项目将重点介绍电子商务、电子商务数据及电子商务数据采集与处理的基本流程等内容。通过本项目的学习，学生可以了解电子商务、认识电子商务数据，并掌握电子商务数据采集与处理的基本流程，为后续内容的学习奠定基础。

任务情境

在这个数据"密布"的时代，数据越来越被企业重视。利用数据，企业能够挖掘出数据背后隐藏的规律，归纳出优化经营决策的办法，为自身未来发展指明方向。北京特产专

营店是一家以售卖北京特产为主的淘宝店铺，店主小敏意识到数据对电子商务企业的重要性后，决定从认识电子商务数据开始，开启数据采集与处理的学习之路。

任务一　了解电子商务

任务分析

认识电子商务数据之前，首先需要了解电子商务，包括认识电子商务与电子商务运营，以及电子商务数据化运营的概念及其对企业的意义。小敏明确了需要先了解的内容后，立刻投入了学习。

任务实施

一、认识电子商务与电子商务运营

1. 认识电子商务

互联网的发展使电子商务得以渗透到人们生活的方方面面，网上交易逐渐成为常态。那么，什么是电子商务？从定义上来看，电子商务有广义的电子商务和狭义的电子商务之分。

广义的电子商务是指通过使用互联网电子工具实现企业工作流程电子化的模式，以帮助企业提升生产、运营、仓储、物流等环节的效率；狭义的电子商务是指通过网络通信技术进行交易的商业模式，其中用到的信息技术主要有互联网、数据库、电子邮件、移动电话等。人们日常理解的电子商务通常是指狭义的电子商务。

通俗来讲，电子商务就是采用网络信息技术进行产品交换，即企业将产品上架到电子商务平台，以电子交易的方式开展商业活动的模式，该模式与传统商业模式共同构建了完整的企业交易体系。

2. 认识电子商务运营

电子商务运营是指对电子商务企业日常工作进行策划、组织、实施和控制等相关工作的统称。电子商务运营的内容包括调研、产品定位、店铺运营、营销策划与推广、物流管理、数据分析等。基于工作方向的不同，电子商务运营又涉及平台搭建、技术使用、内容建设、美工设计等多个方向。

具体来看，电子商务企业日常运营的核心内容有店铺运营、流量运营、产品运营和活动运营。

1）店铺运营

店铺运营包括店铺开设、店铺装修、店铺管理、店铺营销策划与推广、店铺订单处理等内容。

2）流量运营

流量运营包括站内流量运营和站外流量运营。

站内流量运营的形式有免费和付费两种，站内付费流量运营的优点是流量大、效果好，缺点是需要较高成本的投入；相较于站内付费流量运营，站内免费流量运营能够获取的流量相对较小，几乎不需要投入任何成本。

站外流量运营是指企业对站外引流渠道进行管理。常见的站外引流渠道有微信渠道、微博渠道、短视频渠道、新闻类 App 渠道等。

3）产品运营

产品运营包括企业产品选品、包装、上下架、出入库等内容。

4）活动运营

活动运营包括店铺秒杀、发放优惠券、打折等内容，是企业刺激客户购买的有效形式。

二、电子商务数据化运营的概念及其对企业的意义

1. 电子商务数据化运营的概念

在电子商务运营过程中，会产生海量数据，将这些数据存储起来并有针对性地调取数据进行分析，可以帮助企业更好地优化运营效果，即电子商务数据化运营。

通过数据采集、数据处理、数据分析、数据可视化等方式，借用合适的工具、技巧、方法等，可以得出更精准的数据分析结果，从而优化企业运营效果。

2. 电子商务数据化运营对企业的意义

电子商务数据化运营对企业的意义主要有辅助运营、数据化管理、提升企业综合实力等。

1）辅助运营

第一，通过电子商务数据化运营，企业可以发现运营过程中存在的问题并将其及时优化，也可以提前预测可能出现的问题并将其提前规避。第二，通过电子商务数据化运营，企业可以优化原有业务流程，提升竞争力。第三，通过电子商务数据化运营，企业可以实现资源的优化配置，使企业资源得到有效利用。第四，通过电子商务数据化运营，企业可以挖掘数据背后的本质与规律，企业管理者更易于制定客观、科学、有效的经营决策方案。

2）数据化管理

电子商务数据化运营在企业管理中能够发挥重要的作用，如监控运营的整个流程，提供企业财务、KPI（关键绩效指标）考核、人力资源管理等相关数据，帮助企业从整体上把握各关键环节的运行情况，及时调整和优化企业管理方案。

3）提升企业综合实力

整体来看，采用电子商务数据化运营，不仅能够优化企业运营流程，而且能够优化企业整体运营内容，达到提升企业综合实力的目的。例如，通过电子商务数据化运营，企业能够根据市场需求及时调整产品结构等。

知识链接

一、我国电子商务发展的新特点

1. 电子商务模式与业态迭代创新

随着电子商务业务的不断发展与壮大，越来越多的客户选择线上渠道进行交易。《中

国电子商务报告（2022）》指出："国家统计局数据显示，2022 年，全国电子商务交易额达 43.88 万亿元，按可比口径计算，比上年增长 3.5%（见图 1-1）。"中国互联网络信息中心统计的数据显示，截至 2022 年 12 月，我国网络购物客户规模达 8.45 亿人，较 2021 年 12 月增长 319 万人，占网民整体的 79.2%。由此可知，网络零售成为内需、拓展消费的重要力量。

图 1-1　2011—2022 年全国电子商务交易额

2. 农村电子商务促进乡村振兴成效显著

电子商务加速赋能农业产业化、数字化发展，有力推动脱贫攻坚和乡村振兴。农村电子商务已成为农民销售农副产品、购买生活必需品的好帮手。《中国电子商务报告（2022年）》指出："商务大数据监测显示，2022 年，全国农村网络零售额达 2.17 万亿元，同比增长 3.6%。其中，农村实物商品网络零售额 99 万亿元，同比增长 4.9%（见图 1-2）。"

图 1-2　2015—2022 年全国农村网络零售额

3. 电子商务国际化步伐稳步推进

我国电子商务多双边国际合作持续推进，为我国跨境电子商务发展提供了良好的国际环境。跨境电子商务也凭借线上交易、非接触式交货等优势在稳外贸方面发挥了重要作用。《中国电子商务报告（2022）》指出："海关数据显示，2022年，我国跨境电子商务进出口（含B2B）为2.11万亿元，同比增长9.8%（见图1-3）。其中，出口1.55万亿元，同比增长11.7%，进口0.56万亿元，同比增长4.9%。"由此可知，跨境电子商务进口成为消费升级的新路径。

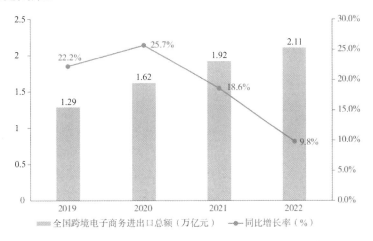

图1-3　2019—2022年全国跨境电子商务进出口总额

4. 法律标准和治理体系持续完善

针对直播带货领域乱象及卖家投诉平台"二选一"等突出问题，有关部门出台相关政策完善直播电子商务新业态监管体系，实施反垄断调查。国家市场监督管理总局发布《市场监管总局关于加强网络直播营销活动监管的指导意见》、国家广播电视总局发布《国家广播电视总局关于加强网络秀场直播和电子商务直播管理的通知》等，多部门联合推进直播电子商务相关规范和监管工作，整治直播电子商务行业中刷单炒信、假冒伪劣、服务配套不完善等问题。2021年，国务院反垄断委员会印发《国务院反垄断委员会关于平台经济领域的反垄断指南》，强调《反垄断法》及有关配套法规、规章、指南确定的基本制度、规制原则和分析框架适用于平台经济领域所有市场主体。坚持对市场主体一视同仁、平等对待，着力预防和制止垄断行为，完善平台企业垄断认定的法律规范，保护平台经济领域公平竞争，防止资本无序扩张，支持平台企业创新发展，增强国际竞争力。

二、电子商务数据化运营的工作流程

1. 确定运营目标

同一个企业中的不同人员的运营目标，或者说关注点是不一样的，如领导更关注产生多少订单、有多少收益等较为核心的数据，而产品运营者可能更关注产品的流程转化、订单流失等数据。因此，面向不同人员，需要确定不同的运营目标。这个目标可以是长期的，也可以是短期的，但一定是具体、可实现的。

2. 搭建指标体系

根据不同的运营目标需要搭建有效的指标体系，以帮助业务人员快速发现并定位问题。数据运营小组及对应的指标如表 1-1 所示。

表 1-1　数据运营小组及对应的指标

运营小组	指标
整站运营	订单量、收入、转化率等
产品运营	产品查看次数、产品各流程转化率、跳失率等
活动运营	活动参与率、活动转化率、活动 ROI 投资回报率等
客户运营	新客数量、客户复购率、客户留存率等

3．采集数据

数据源多种多样，企业常用的有生产系统数据、CRM 数据等静态的结果型数据，而在互联网上也有网站数据、App 数据等动态的用户行为数据。针对行为数据，目前市场上有各种各样的数据采集工具，有付费版、免费版两种，付费版的数据采集工具又有按流量收费、按版权收费等不同模式，企业可根据自身情况进行选择。

4．分析数据

数据分析是指通过建立数据监控体系，及时发现网站在运营过程中的问题，迅速定位并分析原因。数据分析中常用的方法有很多，其中比较重要的有两个。一是对比，只有通过与行业标准对比、与自身历史数据对比，才能发现目前运营的异常；二是细分，只有通过不断细分来定位问题，才能对问题进行具体分析。针对一个问题，可以从时间、来源、渠道、类型等不同维度细分，精准找到原因。

5．优化运营效果

找到问题出现的原因之后，就要解决问题，通常通过使用一些运营手段（如购物送优惠券等）来解决问题。

6．持续跟踪

实施解决方案后需要对效果持续跟踪，通过数据的反馈来验证解决方案的正确性。如果不能解决问题，那么应该及时更换第二套解决方案。如果问题得到了解决，那么应该持续跟踪数据的表现，以避免有新的变化导致新的问题出现。

总而言之，电子商务数据化运营的关键在于如何使用数据。只有将数据与业务结合起来，才能真正实现电子商务数据化运营，实现以数据指导运营的目标。

任务二　认识电子商务数据

任务分析

数据渗透在人们生活的方方面面，企业也不例外。进行电子商务企业运营的每一天，都会产生海量数据。认识电子商务数据，能够帮助企业更好地使用数据。因此，小敏在学习数据采集与处理的其他内容之前，首先需要明确什么是数据，以及数据的特点等知识，以便更好地开展后续学习。

任务实施

一、认识数据与电子商务数据

1. 认识数据

数据（Data）是用于科学研究、技术设计、决策、查证等的数值。数据的获取方式有实验、检验、统计等。

从数据的信号表示方式来看，数据除了包括常见的数字，还包括图像、声音、文字、符号等。数据可以被归为两类，即数字数据和模拟数据。这种分类方式通常用于描述物理信号和传输方式。符号、文字、数字等离散的数据属于数字数据；图形、声音等连续的数据则属于模拟数据。

2. 认识电子商务数据

电子商务数据是企业在进行数据化运营过程中产生的一系列数据，如围绕交易产生的数据、围绕营销推广产生的数据、围绕物流仓储产生的数据（见图 1-4）、围绕企业管理产生的数据、围绕产品产生的数据，以及围绕市场定位产生的数据等。

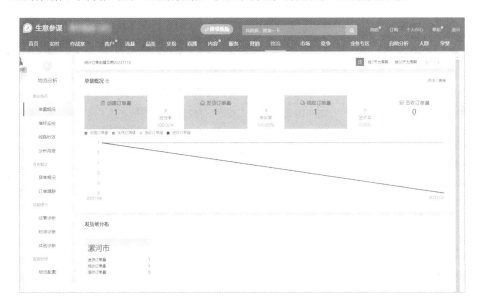

图 1-4　围绕物流仓储产生的数据

二、数据与电子商务数据的类型

1. 数据的类型

从数据内容和结构的角度来看，数据可以分为数值型数据和字符型数据两种类型。这种分类方式更多地用于计算机中数据的表示和处理。

1）数值型数据

数值型数据是可以使用度量单位或自然数进行加、减、乘、除运算的数据，如销售额、订单量、采购金额等。

2）字符型数据

字符型数据是不具备计算能力且用来描述事物属性的数据，如企业客户性别、客户等级、客户地域等。

数值型数据与字符型数据举例如图 1-5 所示。

字符型数据				数值型数据		
客户编号	访客来源	性别	常住地区	产品价格（元）	产品成交额（元）	
NO1002109	移动端	女	浙江	68	1634	
NO1002077	移动端	女	广东	145	4567	
NO1002014	移动端	女	天津	223	6573	
NO1002034	PC端	不详	广东	67	2123	
NO1002087	PC端	女	浙江	34	1098	
NO1002027	PC端	不详	浙江	58	1569	
NO1002010	移动端	不详	天津	345	3427	
NO1002084	移动端	男	广东	219	2980	

图 1-5　数值型数据与字符型数据举例

2．电子商务数据的类型

电子商务数据按来源与性质的不同，可以分为市场数据、运营数据和产品数据 3 种。

1）市场数据

市场数据是企业所处行业的数据，主要包括行业数据和竞争数据。

（1）行业数据。

企业所处的行业是指与企业销售同类或相似产品的企业构成的企业群。行业数据就是该企业群在发展过程中产生的数据，如行业销量、行业销售额等。图 1-6 所示为行业数据举例，描述的是 2021 年中国 IT 安全咨询服务市场的五大厂商市场份额的数据占比情况，显示的数据即行业数据。

（2）竞争数据。

竞争数据是指能够揭示企业在整个行业竞争中的数据，包括竞争交易数据（如竞争对手销售额）、竞争营销推广数据（如竞争对手活动形式）、竞争运营数据（如竞争对手畅销产品）等。

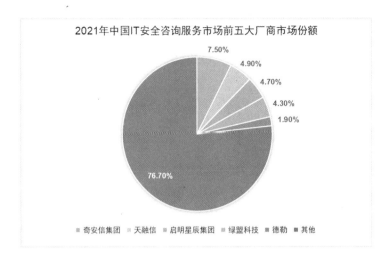

来源：IDC 中国.2022

图 1-6　行业数据举例

2）运营数据

运营数据是主要的电子商务数据，涵盖范围极广，主要包括推广数据、销售数据、客户数据和供应链数据。图 1-7 所示为运营数据举例，描述的是某店铺的客户流量情况，显示的数据即运营数据。

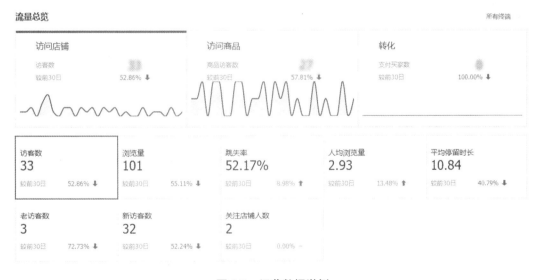

图 1-7　运营数据举例

（1）推广数据是企业因营销推广产生的数据，如各推广渠道的展现量、转化率、点击量等。

（2）销售数据是企业在交易过程中产生的数据，如店铺访客数、支付买家数、浏览量、跳失率等。

（3）客户数据是围绕客户产生的数据，包括客户地域、客户年龄等客户画像数据和浏览量、加购量等客户行为数据。

（4）供应链数据是围绕采购、物流、仓储产生的数据，包括采购产品数、采购金额等采购数据；平均配送时长、配送成本等物流数据；残次库存比、库存周转率等仓储数据。

3）产品数据

产品数据是与企业产品相关的数据，主要包括产品行业数据和产品运营数据两种。其中，产品行业数据是产品在企业所处行业的数据，如产品交易数据等；产品运营数据包括产品销售数据（如产品 SKU 数据等）和产品能力数据（如访客数、复购率等）。

知识链接

一、数据分析与电子商务数据分析的概念

1. 数据分析的概念

数据分析是指使用统计方法对采集到的大量数据进行分析，从中发现数据之间的规律，凝练有价值信息的过程。数据分析的数学基础确立于 20 世纪早期，计算机的出现使数据分析得以实现和推广。

2. 电子商务数据分析的概念

电子商务数据分析特指企业对电子商务交易产生的相关数据展开分析。在进行电子商务数据分析时，需要选择合适的工具和正确的方法采集、处理、分析数据，并得出科学的、有价值的分析结论，以指导企业运营决策的制定和优化。

在进行电子商务数据分析时，可以使用的工具有 SPSS、Excel 等，这些工具能够满足数据分析工作的大多数需求；可以使用的方法有对比分析法、趋势分析法、分组分析法、结构分析法、频数分析法等。使用这些工具和方法有利于数据分析人员快速得出结果。

二、电子商务数据分析的作用

电子商务数据分析的主要作用是辅助决策。在传统的经营模式下，企业运营决策多依赖于以往的经验。随着信息化和电子商务时代的到来，企业在经营过程中积累了大量数据，对这些数据进行分析，能够更精准、科学地辅助企业发展。具体来看，电子商务数据分析的作用有以下 3 点。

1. 辅助企业运营决策

电子商务数据分析通过将企业经营数据处理成便于观察、分析、推断的形式，帮助企业推导出有价值的信息，并作为企业运营决策的依据。

2. 降低企业运营成本

企业可以根据电子商务数据分析的结果，优化业务流程，减少不必要的成本投入，对企业资源进行合理配置。

3. 优化企业的市场竞争力

进行电子商务数据分析有利于企业明确自身在市场中所处的位置、洞悉自身发展趋势、了解自身竞争力情况等，让企业在比较短的时间内快速对业务、产品等做出调整，有助于提升企业的市场竞争力。

任务三　电子商务数据采集与处理的基本流程

任务分析

认识了电子商务数据后，小敏还需要知道电子商务数据采集与处理的基本流程，从整体上把握电子商务数据采集与处理涉及的环节，为后续电子商务数据采集与处理工作的展开奠定基础。

任务实施

一、明确数据采集与处理的目标

明确数据采集与处理的目标是数据采集与处理的前提和基础。以目标为导向进行数据采集与处理，能够使数据分析结果更具有现实意义。

明确数据采集与处理的目标，一般需要围绕两个方面展开，即明确汇报对象和明确汇报需求。

1. 明确汇报对象

汇报对象，即最终要看数据采集与处理报告的人员，可以是领导、自己、公司各部门人员，以及客户等。不同的汇报对象需要了解的汇报内容不同。明确了汇报对象就意味着把握了汇报的整体方向。

2. 明确汇报需求

明确汇报需求是确保数据分析过程有效的首要条件。明确汇报需求可以让数据的采集与处理更有针对性和目的性，使执行效率更高。例如，对电子商务企业而言，店铺的主要业务是销售产品，通过数据分析来提升销售额是首要目标。因此，要求采集与处理数据的需求十分明确，常见的汇报需求有如下几个。

（1）解决具体问题。例如，某段时间客户减少，通过数据采集与处理来解决该问题。

（2）解决发展问题。当企业发展遇到阻力时，如当企业运作出现问题时，通过数据采集与处理找到能够刺激业务增长的办法，解决企业发展问题。

（3）解决客户是谁的问题。企业运营的基础是客户，通过数据采集与处理，企业能够充分了解客户是谁，以便在运营过程中更好地满足客户的需求。

（4）进行预测。通过数据采集与处理，能够预测未来的可能性，如通过分析历史各

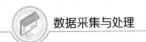

产品的销量情况，能够预测未来受欢迎产品的类别。

二、数据采集

1. 数据采集步骤

数据采集即数据获取，工作人员需要围绕确定好的目标明确将要采集数据的类型及具体的指标，使用合适的数据采集工具和方法，通过具体的数据采集渠道获取数据。数据采集步骤一般如下。

步骤 1：明确数据采集目标。

步骤 2：建立数据指标体系。

步骤 3：确定数据采集的来源及工具。

步骤 4：确定数据采集的维度及范围。

步骤 5：制作数据采集表，完成数据采集。

2. 数据采集形式

数据采集主要有直接采集数据和间接采集数据两种形式。

直接采集数据是直接采集企业自身运营过程中产生的一手数据，需要通过调查整理、科学实验等方式实现。

间接采集数据是采集已经过初步处理的二手数据，如已公开的行业数据等，需要通过查找、下载等方式实现。

3. 数据采集方法

随着信息化时代的来临，大数据越来越受到重视，数据采集面临的挑战变得尤为突出。一般企业采集数据主要是采用爬虫或人工解决。从数据性质和测量尺度的角度来看，数据可以分为定性数据和定量数据。其中，定性数据主要采用调查问卷数据采集和客户访谈数据采集的方法获取，而定量数据则是确定的数据，分为内部数据和外部数据两种。数据采集方法如图 1-8 所示。

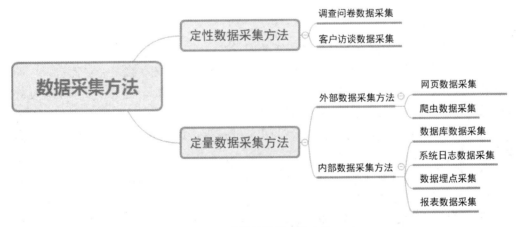

图 1-8 常用的数据采集方法

三、数据分类与处理

数据分类与处理是对采集到的数据进行进一步加工，以保证数据的质量，为后续工作奠定基础的中间环节。数据经过分类与处理后，由原本的"杂乱无章"变得"井井有条"，通过它们可以得出更精准、更科学的分析结论。

数据分类与处理的核心环节主要有数据分类统计、数据处理和数据计算。

1. 数据分类统计

数据分类统计是指根据数据采集与处理的目标，以及实际分析需求，对采集到的数据进行整理和归类。

2. 数据处理

数据处理包括数据清洗、数据转换、数据排序、数据筛选等。数据清洗是指修改原始数据中的错误数据、删除原始数据中重复/多余的数据、补全原始数据中不完整/缺失的数据；数据转换是指对原始数据的格式进行转换，使其变为便于后续操作的格式；数据排序是指按照一定的规律对数据进行排列；数据筛选是指按照一定的需求将所需的数据筛选出来。

3. 数据计算

数据计算是指通过加、减、乘、除等方式，对数据进行计算，以形成新的数值结果。

四、数据视觉可视化

数据视觉可视化是指将数据采集与处理的结果呈现出来，以便他人能够直观地看到数据分析的过程和结果。

数据视觉可视化一般有报表和图表两种形式。

1. 报表

报表主要有日常数据报表和专项数据报表两种。日常数据报表是企业日常汇报需要用到的报表，如日报表、周报表、月报表等；专项数据报表是围绕企业运营的某个维度制作的报表，用来帮助企业提供决策建议，如市场分析报表、运营分析报表、产品分析报表等。

2. 图表

图表是一种采用图表的形式展示数据分析结果的方式。常见的数据图表有柱形图、饼图、折线图、雷达图、散点图等。除此之外，还有根据分析需求制作的漏斗图、矩阵图等。图 1-9 所示为 Excel 中的常见图表类型。

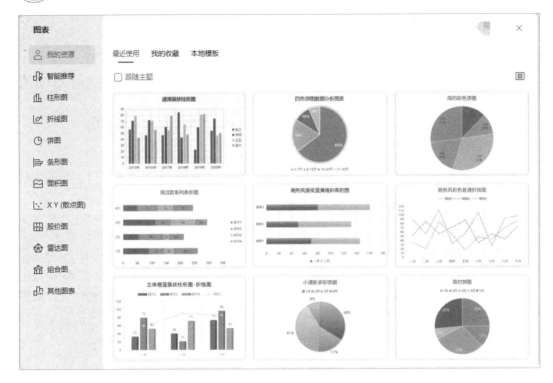

图 1-9　Excel 中的常见图表类型

五、撰写数据分析报告

当需要就某个维度进行全方位的汇报时，应撰写数据分析报告。数据分析报告是常用的数据分析汇报文体，用于全面展现数据分析的目标、过程、结论等。撰写数据分析报告，能够为企业提供科学、严谨的经营决策依据，降低企业运营的风险，提升企业运营的能力。

常见的数据分析报告有综合数据分析报告、专项数据分析报告、预测数据分析报告和进展数据分析报告。

1. 综合数据分析报告

综合数据分析报告是全方位反映企业各方面状况的报告，如产品分析报告、市场分析报告等。

2. 专项数据分析报告

专项数据分析报告是就某个具体的问题展开分析的报告，如企业流量来源分析报告、企业销量分析报告等。

3. 预测数据分析报告

预测数据分析报告是就企业某个维度的未来发展趋势展开分析的报告，如企业销量预测分析报告、产品流行趋势分析报告等。

4. 进展数据分析报告

进展数据分析报告是就某项工作进度展开分析的报告，如推广活动进展分析报告、销售部月度销售情况分析报告等。

知识链接

一、电子商务数据指标

在数据分析过程中，通常会涉及众多计算指标，如投入产出比、投资回报率、转化率、咨询率等，这些指标通常无法直接获取，需要对这些指标按照相应的计算公式进行拆解，最终拆解为可以采集到的指标。电子商务数据指标大致可以分为以下 3 种。

1. 市场数据指标

市场数据指标主要有行业销量、行业销售额、行业销量增长率、行业销售额增长率等行业发展类指标，以及企业市场占有率、企业市场扩大率、竞争对手销量、竞争对手销售额等行业竞争类指标，如图 1-10 所示。

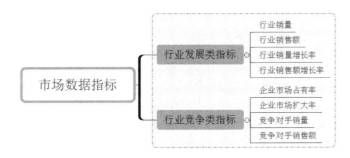

图 1-10　市场数据指标

2. 运营数据指标

运营数据指标主要有展现量、点击量、转化率、投资回报率、访客数、浏览量、跳失率等推广类指标；销量、销售额、销售利润、客单价、件单价、订单量、订单金额、有效订单、订单转化率、支付买家数等销售类指标；客户复购率、客户留存率、平均购买次数、新客数量、新客获客成本、加购/收藏客户数量等客户类指标；采购数量、采购金额、库存数量、库存周转率、平均配送成本、平均送货时间等供应链类指标，如图 1-11 所示。

3. 产品数据指标

产品数据指标主要有产品交易指数、产品搜索指数等产品行业类指标，以及产品数量、产品浏览量、产品加购/收藏数、复购率、SKU、SPU 等产品运营类指标，如图 1-12 所示。

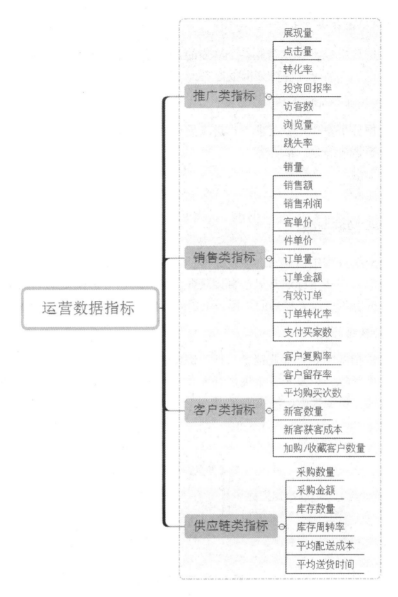

图 1-11　运营数据指标

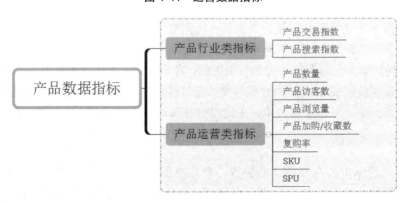

图 1-12　产品数据指标

二、数据分析报告的主要内容

数据分析报告的主要内容有标题、目录、前言、正文、结论与建议、附录。

1．标题

标题即数据分析报告的题目，一般还包括报告日期、报告人等。标题在编写时应精简，同时紧扣报告内容，力求使用简洁的文字表达清楚报告的主旨。

2．目录

目录包括报告各主要部分的名称，有时也会添加页码。通过目录能够快速明确和找到报告的内容。

3．前言

前言一般包括分析背景，即分析的原因和意义；分析目标，即通过分析预设要解决的问题；分析思路，即分析的整体构思。

4．正文

正文是数据分析报告的核心部分，是整个数据分析过程的呈现，在形式上多采用文字、图片、表格相结合的形式，以直观、全面地展示分析内容。此外，正文前后要有一定的逻辑性，不能杂乱无章。

5．结论与建议

结论与建议是结合数据分析的目标和过程，提出的总结性论断和解决问题的办法，是数据分析报告中最能体现价值的环节。

6．附录

附录是对前面内容的补充，通常为分析内容的补充材料。

三、常用的电子商务数据分析方法

分析不只是对数据的简单统计描述，还是在数据中发现问题的本质，针对确定的主题进行归纳和总结。常用的电子商务数据分析方法有以下 4 种。

1．趋势分析

趋势分析是一种将实际达到的结果，与不同时期同类指标的历史数据进行比较，从而确定变化趋势和变化规律的分析方法，具体包括定比和环比两种。定比是以某一时期为基数，其他各时期均与该时期进行比较；而环比则是分别以上一时期为基数，下一时期与上一时期进行比较。

2．对比分析

对比分析是一种把两个相互联系的指标进行比较，从数量上展示和说明研究对象规模的大小、水平的高低、速度的快慢，以及各种关系是否协调的分析方法。在对比分析中，选择合适的对比标准是十分关键的。只有选择合适的对比标准，才能做出客观的评

价，反之则可能得出错误的结论。

3．关联分析

如果多个事物之间存在一定的关联，那么其中一个事物能够通过其他事物进行预测。进行关联分析的目的是挖掘隐藏在数据之间的相互关系。

4．因果分析

因果分析是一种确定引起某一现象变化原因的分析方法，主要用于解决"为什么"的问题。因果分析就是在研究对象的先行情况中，把作为它的原因的现象与其他现象区别开，或在研究对象的后行情况中，把作为它的结果的现象与其他现象区别开。

项目二　电子商务数据采集

知识目标

（1）明确电子商务数据采集的内涵和原则。

（2）了解数据采集方法。

（3）熟悉电子商务数据的来源。

（4）了解数据采集工具。

技能目标

（1）能够选择合适的方法进行数据采集。

（2）能够明确区分内部数据和外部数据。

（3）能够根据数据采集的需求选择合适的数据采集工具。

任务分解

本项目包含了4个任务，具体如下。

任务一　电子商务数据认知；

任务二　数据采集方法；

任务三　电子商务数据的来源；

任务四　数据采集工具。

本项目将重点介绍电子商务数据认知、数据采集方法、电子商务数据的来源及数据采集工具等内容。通过本项目的学习，学生可以了解数据采集方法、电子商务数据的来源，并能够区分在不同场景下需要使用的数据采集工具。

任务情境

近年来，电子商务飞速发展，各个电子商务平台每日都会产生海量数据。借助有效

的方法和工具采集并分析对自身有参考价值的数据，进而辅助决策，对电子商务企业来说是非常重要的。北京特产专营店为了总结上一年的运营状况，并进一步制订新一年的销售计划，需要对市场、运营、产品的各项数据进行采集，运营人员计划采用多种方法，并选用合适的工具采集各类数据，以便后期进行分析。

任务一 电子商务数据认知

任务分析

进行电子商务数据采集前，需要对电子商务数据的内涵有相对清晰的了解，且需要明确电子商务数据采集的原则，避免违法、违禁采集，进一步保证电子商务数据采集的及时性、有效性。为了保证北京特产专营店的正常运营，并在后期逐步提高流量及销量，需要进行全面的市场、运营、产品分析。新入职的运营者小王接手了这项工作，他计划先就电子商务数据采集的内涵及原则展开学习。

任务实施

一、电子商务数据采集的内涵

电子商务数据采集是指借助一定的工具或程序代码，采集不同平台上的各项数据，如获取浏览量变化情况、访客数变化情况、产品状态变化情况、物流数据变化情况、用户行为变化情况等的过程。进行电子商务数据采集可以为后续进行数据分析提供数据依据。

在大数据环境下，各种类型的数据伴随客户和企业的行为实时产生，且大多数数据是公开的、共享的，但数据之间的各种信息传输和分析需要有一个清晰的采集过程。

二、电子商务数据采集的原则

小王明确了电子商务数据采集的内涵，同时他认识到，即便大多数数据是公开的、共享的，在进行数据采集时仍然要遵循一定的原则，避免因数据采集不当而在后期引发管理层决策失误或对日常运营造成干扰。

小王梳理后，总结出电子商务数据采集需要遵循以下 4 项原则。

1. 实时性

在电子商务平台或第三方平台上采集的数据需要保证实时性，各类访问、浏览、转化数据时刻在发生变化，需要尽可能获取最新的实时数据。图 2-1 所示为通过淘宝店铺的生意参谋采集的实时数据。只有将最新的数据与往期的数据进行比较，才能很好地发现当前存在的问题，并进行变化趋势的预测。

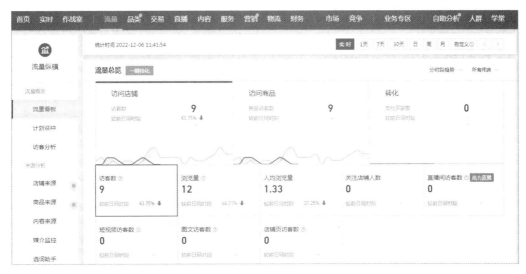

图 2-1 采集的实时数据

2. 有效性

电子商务市场是不断变化的，在数据采集过程中，需要注意数据的有效性。图 2-2 所示为某线上批发平台的限时秒杀活动，超过约定的时效后，该限时秒杀活动将取消，产品价格将发生变化，这体现了有效性。又如，某线上批发市场某产品的采购报价是有时效的，若超过时效，依然按照该报价设置采购预算，则会影响后期的各项计划。

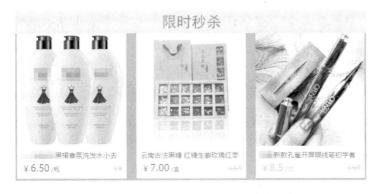

图 2-2 某线上批发平台的限时秒杀活动

3. 准确性

不同的电子商务数据指标具有紧密的联系，相互影响，在后期进行数据分析时，需要通过其中的几个指标计算相关联的其他数据是否存在异常。在这个过程中，需要确保所摘录的数据准确无误，避免在进行数据分析时出现较大的偏差，影响分析效果。

4. 合法性

在电子商务数据采集的各项原则中，合法性不容忽视。例如，在采集竞争对手的各项数据的过程中，可以采集竞争对手或相关机构发布的公开数据，也可以在竞争对手允许的情况下获取相关数据，而不能采用非法手段获取相关数据。

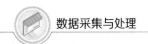

知识链接

一、电子商务数据采集的要点

进行电子商务数据采集是为了最终的数据分析，需要通过数据变化趋势，找到数据规律。因此，要求采集的数据量越大越好。例如，为了分析店铺的销售情况，仅仅采集店铺一周的销售数据是很难看出其未来发展趋势的，采集店铺 3 个月的销售数据会好一些，采集店铺 6 个月的销售数据更佳。即使无法确定寻找的是什么，也要确保采集的数据所包含的信息尽可能地详尽和精确。试着弄清楚获得所需最优数据的途径，并开始收集。如果没有数据，那么不能进行分析。在进行电子商务数据采集时，应尽量保证采集的数据全量而非抽样、多维而非单维。

1. 全量而非抽样

电子商务数据分析人员需要尽可能全量地对数据进行采集。

2. 多维而非单维

针对客户行为，对数据进行 5W2H 的全面细化，将交互过程中的什么时间、什么地点、什么人、因为什么原因、做了什么事全面记录下来，并将每个模块进行细化，时间可以从起始时间、结束时间、中断时间、周期间隔时间等方面细分；地点可以从地理特征、渠道等方面细分；人物可以从多渠道注册账号、家庭成员、薪资、个人成长阶段等方面细分；原因可以从爱好、人生大事、需求层级等方面细分；事件可以从主题、步骤、质量、效率等方面细分。通过这些细分，提升分析的多样性，并从中挖掘出规律。

二、电子商务数据检查

1. 完整性检查

完整性检查是一项基础的数据检查，用来检查指标缺失的程度。完成数据采集后，需要对数据进行复查，将其与历史数据进行比较，同时还要检查字段的完整性，保证核心指标的完整性。

2. 准确性检查

准确性检查用来检查一个值与它所描述的客观事物的真实值之间的接近程度，通俗地说，就是检查数据指标记录的信息是否存在异常或错误。在录入采集的数据的过程中可能会有个别数据录入错误，可以通过求平均值、求和等操作与原始数据进行比较，若发现结果不匹配，则需要检查出相应的错误数据。

3. 规范性检查

规范性检查是指检查指标是否符合其定义，以及检查指标遵循预定语法规则的程度。在进行规范性检查时，需要检查采集的数据中是否存在多个产品标志编码相同或同一个数据中有多个指标等情况。

三、电子商务数据分析模型

1. RFM 模型

RFM 模型通过分析网站中客户的购买行为来描述客户的价值，也就是从时间、频率、金额等方面对客户进行区分。通过这个模型，网站可以区别自己各个级别的会员，如某客户是铁牌会员、铜牌会员还是金牌会员。同时，对于一些长时间没有购买行为的客户，网站可以设置一些有针对性的营销活动，以激活这些休眠客户。RFM 模型如图 2-3 所示。

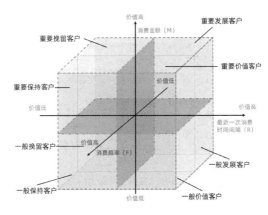

图 2-3　RFM 模型

2. 5W2H 模型

5W2H 模型围绕 Why（为什么）、What（什么事）、Who（是谁）、When（什么时候）、Where（什么地方）、How（如何做）、How much（什么价格）展开，主要用于客户行为分析、业务问题专题分析、营销活动等。5W2H 模型如图 2-4 所示。

图 2-4　5W2H 模型

3. AARRR 模型

AARRR 模型围绕获客（Acquisition）、激活（Activation）、留存（Retention）、商业

变现（Revenue）、自传播（Referral）展开。获客即获取客户，主要需要解决的是从哪里能够带来更多的客户的问题；激活主要需要考虑如何激活不活跃的客户，让客户感受到产品的价值，真正主动使用产品；留存主要需要培养客户行为，即新会员（客户）经过一定时间之后，仍然会进行访问、登录、使用、下单成交转化等特定行为；商业变现主要需要分析产品的转化率，提升客户体验，提升盈利；自传播是最终目标，主要需要通过客户与客户之间的相互传播，实现业务各指标的自增长。AARRR 模型如图 2-5 所示。

图 2-5　AARRR 模型

4．逻辑树模型

逻辑树又称问题树、演绎树、分界树等。逻辑树模型一般可用于业务问题的专题分析，在使用时应配合思维导图，将一个问题分层拓展，一步一步拆解。逻辑树模型类似于树木结构，将初始问题作为树干，将相关联的问题和点作为树枝，将所有问题的子问题分层罗列，从最高层开始逐步向下拓展。逻辑树模型如图 2-6 所示。

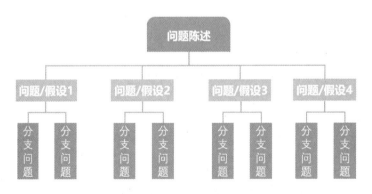

图 2-6　逻辑树模型

5．SWOT 模型

SWOT 模型也叫态势分析模型，其中的 S 表示优势、W 表示劣势、O 表示机会、T 表示威胁。一般一起分析机会与威胁，威胁指的是环境中因不利的发展趋势而形成的挑战，如果不采取果断的战略行为，那么这种不利的发展趋势将导致公司的竞争地位被削弱；机会指的是在对某公司行为富有吸引力的领域中，该公司拥有的竞争优势。SWOT 模型如图 2-7 所示。

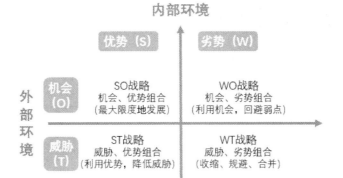

图 2-7 SWOT 模型

6. PEST 模型

在 PEST 模型中，P 表示政治环境（Politics），E 表示经济环境（Economic），S 表示社会环境（Society），T 表示技术环境（Technology）。PEST 模型本质上是一种通过对环境的把控来进行分析的模型。

在对宏观环境进行分析时，由于不同企业有其自身的特点和经营需要，因此分析的具体内容会有所差异，但一般都应对政治环境、经济环境、社会环境、技术环境这 4 种影响企业的主要外部环境因素进行分析。

（1）政治环境：政治体制、经济体制、财政政策、税收政策、产业政策、投资政策等。

（2）经济环境：GDP 及其增长率、进出口总额及其增长率、利率、汇率、通货膨胀率、消费价格指数、居民可支配收入、失业率、劳动生产率等。

（3）社会环境：人口规模、性别比例、年龄结构、生活方式、购买习惯、城市特点等。

（4）技术环境：折旧和报废速度、技术更新速度、技术传播速度、技术产品化速度等。

PEST 模型如图 2-8 所示。

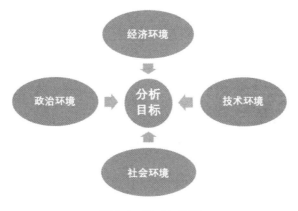

图 2-8 PEST 模型

任务二 数据采集方法

数据采集的各项需求不同，相应的采集方法也会有所不同，常规的数据采集方法包括网页数据采集、数据库数据采集、数据埋点采集、系统日志数据采集、报表数据采集、调查问卷数据采集、客户访谈数据采集等。小王计划对不同的数据采集方法进行了解，并进行区分，以便在后期的应用中选择合适的方法进行数据采集。

任务实施

一、网页数据采集

电子商务平台（如淘宝、京东、唯品会等）的运营、产品及竞争数据可以直接从网页中摘录。以淘宝为例，可以直接从网页中采集产品的标题、价格、销量及评价等数据，如图2-9所示。同时，也可以使用八爪鱼采集器、火车采集器、后羿采集器（见图2-10～图2-12）等进行采集。要注意采集数据的合法性。

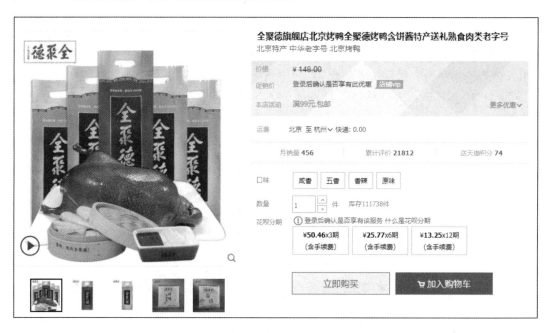

图2-9 从网页中采集的产品数据

图 2-10 八爪鱼采集器

图 2-11 火车采集器

图 2-12 后羿采集器

二、数据库数据采集

电子商务平台均有自己的数据库，在数据库中记录着访客的访问频率、注册时间、客户名、联系方式、地址等信息，以及店铺订单的交易时间、购买数量、交易金额、退货金额等信息。

数据库数据采集是指数据库采集系统直接与企业业务后台服务器结合，将企业业务后台服务每时每刻产生的大量业务记录写到数据库中，之后由特定的处理系统进行数据分析。

三、埋点数据采集

埋点数据采集是借助代码采集数据的，即在需要检测客户行为数据的位置加入代码，用来记录、跟踪、采集终端客户的操作行为数据。其原理是在终端部署 SDK 代码，当客户行为满足设定的某个条件时，系统会先自动跟踪和存储该行为数据，然后将这些数据收集起来并传输给终端。例如，当客户进入企业店铺点击某个链接时，该行为数据会被自动记录并存储。

第三方平台可以通过埋点，帮助企业有针对性地采集运营数据。在为企业部署埋点时，第三方平台应结合企业需求，有针对性地对客户产生的各个行为对应的位置进行埋点，跟踪、采集相应的数据。采集到数据后，通过对数据进行处理、分析，企业能够得到相应的指标，如客户活跃度、企业访客数、产品销售额等。这些指标可以帮助企业了解运营情况和运营效果，进而指导企业如何优化运营方案，最终达到优化运营效果的目的。图 2-13 所示为埋点数据采集举例。

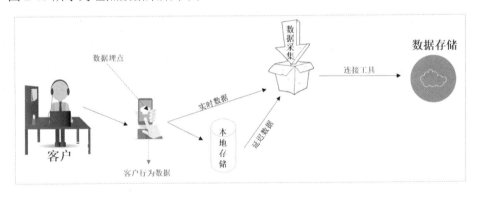

图 2-13　埋点数据采集举例

四、系统日志数据采集

企业业务平台上每天都会产生大量的系统日志，这些系统日志一般为流式数据（实时大数据），如网站系统日志中记录了访客的 IP 地址、访问时间、访问次数等数据。通过对这些系统日志进行采集、分析，可以挖掘企业业务平台上产生的系统日志中的潜在价值。

五、报表数据采集

一些独立站点可能没有每日咨询人数、订单数等数据指标统计功能，在进行数据采集时，可以通过每日、每周、每月的工作报表进行相应的数据采集。图 2-14 所示为某店铺售前客服咨询周销售报表截图。

时间		汇总+询单						
		咨询人数	接待人数	询单人数	询单流失人数	销售额	销售量（付款产品数）	销售人数
1月16日	星期一	11	11	9	7	1109	2	2
1月17日	星期二	5	5	5	3	464	1	1
1月18日	星期三	25	25	14	6	5175	15	7
1月19日	星期四	35	35	29	25	5358	26	4
1月20日	星期五	10	10	6	6	0	0	0
1月21日	星期六	10	10	6	6	0	0	0
1月22日	星期日	0	0	0	0	0	0	0
总和		96	96	69	53	12106	44	14

图 2-14　某店铺售前客服咨询周销售报表截图

六、调查问卷数据采集

调查问卷数据采集是以问题的形式系统地记载调查内容的一种数据采集方法。通过调查问卷可以进行大规模的调查，结果容易量化且便于统计处理，这为数据采集提供了便利。

在电子商务环境下采集客户的需求、习惯、喜好，以及产品使用反馈等数据时常常会用到调查问卷，采集人员设计有针对性的调查问卷，可采用实际走访、电话沟通、网络填表等方式进行数据采集。图 2-15 所示为某店铺 O2O 模式下生鲜电子商务客户满意度调查问卷。

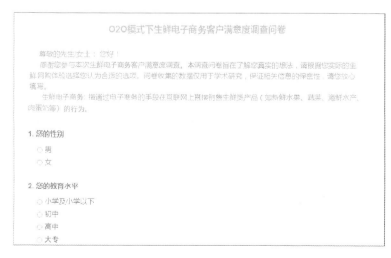

图 2-15　某店铺 O2O 模式下生鲜电子商务客户满意度调查问卷

七、客户访谈数据采集

在进行客户访谈数据采集前，要准备好详细的访问调研提纲，熟悉每个要调研的问题，并清楚如何将要调研的问题转化为访谈话术，对本次访谈的主要目的、步骤、重点要预先准备好。在设计访谈提纲时，应根据客户设计提问的角度，抓住关键问题，按照一定的逻辑顺序把问题逐个展开，并对访谈结果进行记录和分析。图2-16所示为某职业院校列出的京津冀地区大数据技术应用行业人才访谈提纲。在分析访谈结果时，一般采取关键词提炼法，即对每个客户、每个问题的反馈都进行关键词提炼，并对所有客户反馈的共性关键词进行汇总分析。

京津冀地区大数据技术应用行业人才需求访谈提纲

亲爱的朋友们：

为深入了解京津冀地区大数据技术应用行业人才需求情况,特开展此次针对行业人才需求的访谈调研。本次访谈大约需要耽误您20～30分钟的时间,期盼您客观回答相关问题,为明确人才培养目标和职业面向提供依据,提高职业院校大数据技术应用专业人才培养的质量。本次访谈仅作为我校专业教学研究的参考,我们将对您提供的所有信息严格保密。

1.您所在企业设置了哪些大数据相关岗位?

2.您能简单介绍一下这个岗位的工作内容和工作流程吗?

3.您开展这些工作要用到哪些平台和工具（环境）?

4.您认为这些岗位中哪些适合中职、高职学生?

5.您觉得应该具备的知识与技能有哪些?

6.您认为大数据技术应用专业的应届毕业生主要有哪些不足之处?

7.针对这些不足之处,您对大数据技术应用行业人才培养有什么建议呢?

图2-16 京津冀地区大数据技术应用行业人才需求访谈提纲

知识链接

一、调查问卷的设计原则

1. 主题明确

调查问卷的主题需明确，从实际出发进行问题的设置，提问的目的应明确，重点应突出，避免放置可有可无的问题。此外，不能出现涉及个人隐私和社会禁忌的问题。

2. 结构合理

调查问卷的问题排列需要遵循一定的逻辑顺序，应符合调研对象的思维及作答习惯，一般是先简后繁，先具体后抽象。

3. 通俗易懂

调查问卷在表述上首先要言语精炼，其次不要使用生字、难字，并且要符合调研对象的理解能力和认识能力，避免使用专业术语。对于敏感性问题应采取一定的调查，使问卷具有合理性和可答性，避免出现主观性和暗示性问题，以免调查结果失真。

4. 问题数量适中

调查问卷中问题的数量一般不要多于 20 个，同时不要少于 10 个。问题太多容易让调研对象厌烦，问题太少则会使分析数据太"单薄"。

二、调查问卷的调研方式

调查问卷按照发放途径的不同，可以分为当面采集、邮寄采集、电话采集、留置采集、网络采集 5 种调研方式，如表 2-1 所示。

表 2-1　调查问卷的调研方式

当面采集	如访问采集，即亲自登门采集，按事先设计好的问题，有顺序地依次发问，让调研对象回答
邮寄采集	将调查问卷邮寄给调研对象，由调研对象填妥后寄还的一种采集方法。其缺点是问卷的回收率低
电话采集	按照事先设计好的调查问卷，通过电话向调研对象询问或征求意见的一种采集方法。其优点是取得信息的速度快，节省时间、回答率较高；缺点是采集时间不宜太长
留置采集	将调查问卷当面交给调研对象，由调研对象事后自行填写，由采集人员约定时间收回的一种采集方法。这种方法可以留给调研对象充分的独立思考时间，可使调研对象免受采集人员倾向性意见的影响，从而减少误差，提高采集质量
网络采集	借助互联网，将调查问卷发送给调研对象的一种采集方法，一般可借助问卷星、腾讯问卷、调研派、问卷网等互联网问卷工具进行采集

任务三　电子商务数据的来源

任务分析

电子商务数据有不同的来源，为了保证数据采集的及时性和准确性，需要明确数据的不同来源，如内部数据一般与电子商务企业密切相关，而外部数据相对来说则更加宏观，更加公开。小王分别从获取内部数据和外部数据的平台着手了解。

任务实施

一、内部数据

内部数据是指电子商务企业在日常运营过程中产生的各项数据，内部数据一般与企业的服务或销售等相关，如注册用户数、访客数、新访客比率、浏览量、收藏量、订单数、订单信息、退换货数量等，涉及用户信息的保密与商业机密等问题。

内部数据可通过电子商务站点、店铺后台或平台开发的生意参谋、京东商智等渠道采集。此外，独立站点流量数据可使用百度统计、友盟+等工具进行采集，如图 2-17 和图 2-18 所示。

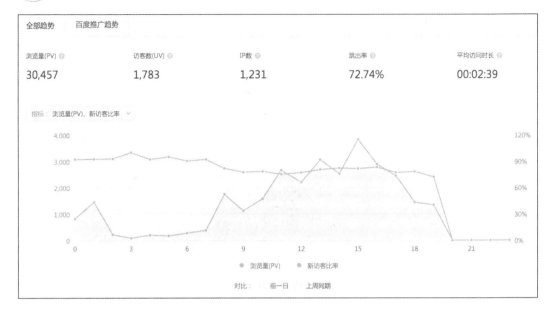

图 2-17　百度统计

图 2-18　友盟+

二、外部数据

外部数据大部分并非针对某个平台或某个公司的运营和生产情况，而更加偏重于社会的外部环境及行业的经济形势。外部数据通常可以通过协议、购买及自行采集等途径获取。

对电子商务企业而言，在进行行业及竞争数据采集时，为了进行更宏观的分析和判断，通常需要借助外部数据。小王了解到，外部数据的来源主要如下。

1. 统计部门或政府的公开资料

统计部门或政府的公开资料包括统计部门或政府公开发布的各类月度、季度、年度及普查数据，以及涉及宏观经济、居民消费价格指数等的数据。图 2-19 所示为国家统计局发布的统计数据。

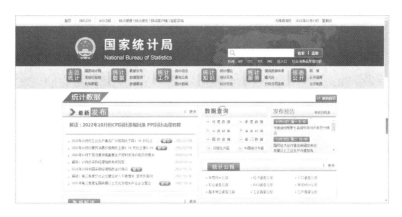

图 2-19　国家统计局发布的统计数据

2.　第三方调查机构及行业协会发布的数据情报

第三方调查机构及行业协会发布的数据情报包括第三方调查机构及行业协会发布的数据报告、发展白皮书等。常见的第三方调查机构及行业协会有中国互联网协会、艾媒咨询、艾瑞咨询、易观国际等，它们提供了行业市场或行业龙头企业的各类统计数据，具有较高的参考性。图 2-20 所示为中国互联网协会发布的中国互联网发展报告。图 2-21 所示为艾媒咨询发布的 2022 年中国移动储能行业的市场数据。

图 2-20　中国互联网协会发布的中国互联网发展报告

图 2-21　艾媒咨询发布的 2022 年中国移动储能行业的市场数据

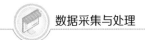

3. 出版社出版的图书

出版社出版的图书也是外部数据的主要来源之一。

4. 指数工具

指数工具（如百度指数、微信指数、360 趋势等）依托于海量用户的搜索内容产生数据。相应搜索数据趋势、需求图谱、用户画像等通过指数工具公开，该类数据可为行业趋势、用户需求和用户画像数据分析提供重要的参考依据。图 2-22 所示为百度指数发布的"驴打滚"的用户画像。

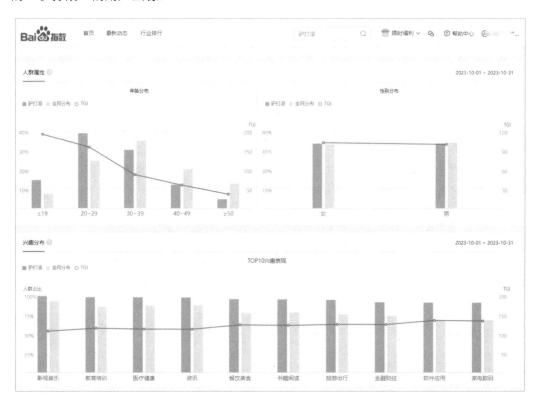

图 2-22　百度指数发布的"驴打滚"的用户画像

知识链接

一、常用的电子商务数据渠道

要想分析与店铺相关的数据，采集不同类型的数据，需要找到对应的数据渠道。常用的电子商务数据渠道有产品数据分析渠道、行业分析渠道、数据监控渠道等，如表 2-2 所示。

表 2-2　常用的电子商务数据渠道

数据渠道	渠道名称	渠道介绍
产品数据分析渠道	艾瑞咨询	提供产品服务及排名分析的相关数据报告
	蝉大师	追踪应用表现的大数据平台
	TalkingData	提供移动大数据服务
	七麦数据	提供榜单、关键词、搜索指数
	App Annie	全面洞察市场，深入分析应用的表现数据
行业分析渠道	前沿报告库	发布产业研究、战略等相关报告
	极光大数据	发布移动互联网综合报告
	艾媒咨询	发布原始报告，内容广、领域丰富
	199IT	发布互联网数据报告
	36氪研究院	研究新兴行业与企业
数据监控渠道	百度指数	给予搜索指数的最新动态
	微信指数	给予微信搜索中的最新动态
	阿里指数	以阿里电子商务数据为核心的大数据平台，主要收集阿里电子商务的相关数据
	新榜	发布公众号、视频号最新排名和热门内容
	今日热榜	发布多平台（如微博、微信、百度、知乎等）的聚合热榜

二、数据采集过程中个人信息的合法性要求

《中华人民共和国网络安全法》对个人信息的定义为："个人信息，是指以电子或者其他方式记录的能够单独或者与其他信息结合识别自然人个人身份的各种信息，包括但不限于自然人的姓名、出生日期、身份证件号码、个人生物识别信息、住址、电话号码等。"

《中华人民共和国网络安全法》第四十一条规定："网络运营者收集、使用个人信息，应当遵循合法、正当、必要的原则，公开收集、使用规则，明示收集、使用信息的目的、方式和范围，并经被收集者同意。网络运营者不得收集与其提供的服务无关的个人信息，不得违反法律、行政法规的规定和双方的约定收集、使用个人信息，并应当依照法律、行政法规的规定和与用户的约定，处理其保存的个人信息。"因此，对于属于个人信息的数据，其收集、使用和处理都需要经过信息主体的同意，即应遵从知情同意原则。

对于采集后的信息，《中华人民共和国网络安全法》第四十条、第四十二条、第四十四条分别规定："网络运营者应当对其收集的用户信息严格保密，并建立健全用户信息保护制度。""网络运营者不得泄露、篡改、毁损其收集的个人信息；未经被收集者同意，不得向他人提供个人信息。但是，经过处理无法识别特定个人且不能复原的除外。""任

何个人和组织不得窃取或者以其他非法方式获取个人信息，不得非法出售或者非法向他人提供个人信息。"

任务四　数据采集工具

任务分析

为了快速、准确地获取数据，需要选用合适的数据采集工具，有些数据采集工具是电子商务平台直接提供的。此外，还可以借助成熟的第三方平台进行不同类型数据的采集。小王计划首先了解电子商务平台提供的工具，然后了解第三方平台。

任务实施

一、生意参谋

生意参谋是一款淘宝官方提供的综合性数据采集工具，用于为天猫/淘宝卖家提供流量、品类、交易、市场、物流、竞争等店铺运营全链路的数据展示、分析、解读等功能。

使用生意参谋，不仅可以采集店铺自身的各项运营数据，而且能够通过市场模块获取相关行业销售经营数据；通过竞争模块了解竞店、竞品的各项数据。图 2-23 所示为生意参谋的流量模块。

图 2-23　生意参谋的流量模块

二、京东商智

京东商智用于展示实时与历史两个视角下，店铺与行业两个范畴内的流量、销量、客户、产品等全维度的电子商务数据，为卖家提供专业基础运营、决策建议、精准营销等专业服务，帮助卖家提升运营效率，降低运营成本，是卖家"精准营销、数据掘金"的强大助力。京东商智流量数据分析如图 2-24 所示。

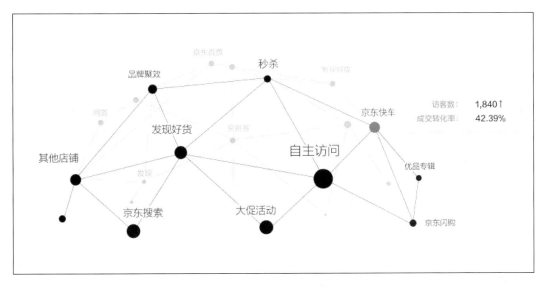

图 2-24 京东商智流量数据分析

三、八爪鱼采集器

八爪鱼采集器是一款高效的网页数据采集工具，可以满足多种业务场景，简易采集模式内置上百种主流网站数据源，如京东、天猫、大众点评等热门采集网站，只需参照模板简单设置参数，就可以快速获取网站公开数据。此外，八爪鱼采集器提供多种网页采集策略与配套资源，可自定义配置，组合运用，自动化处理，从而贯穿整个采集过程，保证数据的完整性与稳定性。图 2-25 所示为使用八爪鱼采集器采集的淘宝产品信息。

图 2-25 使用八爪鱼采集器采集的淘宝产品信息

四、火车采集器

火车采集器是一款网页数据采集工具，可用于网站信息采集、网站信息抓取，包括图片、文字等信息的采集。

火车采集器凭借灵活的配置，可以迅速地抓取网页中散乱分布的文本、图片等，并通过数据清洗、过滤、去噪等预处理，先进行整合聚集存储，再进行数据的分析挖掘，最后将可用数据呈现出来。图 2-26 所示为火车采集器的运行管理界面。

图 2-26　火车采集器的运行管理界面

五、后羿采集器

后羿采集器是一款基于人工智能技术研发的新一代网页数据采集工具。图 2-27 所示为后羿采集器主页。后羿采集器的功能强大，操作简单，是为广大无编程基础的产品、运营、销售、金融、新闻、电子商务和数据分析领域的从业者，以及政府机关和学术研究人员等用户量身打造的产品。

使用后羿采集器不仅能够进行数据的自动化采集，而且在采集过程中可以对数据进行清洗，在数据源头即可实现多种内容的过滤。此外，使用后羿采集器能够快速、准确地获取海量网页数据，从而彻底解决人工收集数据面临的各种难题，降低获取信息的成本，提高工作效率。

图 2-27　后羿采集器主页

六、店查查

店查查是一款电子商务数据采集工具，专为电子商务卖家设计。店查查提供店铺数据管理、升/降级分析、产品分析等功能，用于帮助卖家了解店铺运营状况并调整店铺经营策略。使用店查查的插件功能，可以查询店铺数据，包括竞品的改价历史、淘宝客的推广数据等。使用店查查的关键词分析功能，可以助力卖家进行广告投放和选品。图 2-28 所示为店查查主页。

图 2-28　店查查主页

知识链接

一、生意参谋市场洞察订购条件

生意参谋市场洞察是一款市场数据分析工具，可满足市场大盘全景洞察、市场机会深度解析、市场客群多维透视、竞争对手实时监控分析 4 个核心场景的分析诉求；能够帮助店铺运营者清晰地了解市场结构，深度挖掘潜在客户。要想借助生意参谋采集市场数据，就需要订购该款工具，且店铺需要满足如下条件。

（1）淘宝店铺信誉等级大于或等于 1 钻，刚升到 1 钻请等待 24 小时后再订购。

（2）订购类目发布的产品必须上架不低于 30 天，且近 30 天内交易成功金额大于 0。

（3）不支持开通类目包括 TP 服务商大类、彩票、合作卖家、世博会特许产品、腾讯QQ 专区、网游垂直市场根类目等。

（4）单个店铺订购上限为 10 个类目。

二、直播数据采集工具

常用的直播数据采集方法有两种，即直播后台数据采集、第三方平台数据采集。直播后台数据采集即通过直播自带的数据在后台采集数据；第三方数据采集即通过市场上推出的第三方平台采集数据，如通过抖查查、飞瓜数据（抖音版）、新抖等采集抖音直播数据；通过飞瓜数据（快手版）、新快等采集快手直播数据。常用的直播数据采集工具如下。

1. 抖查查

抖查查是一款直播电子商务全能型数据采集工具，拥有达人账号、短视频创意、直播流量、直播带货、电子商务选品五大维度的综合数据分析功能，可以将全面、实时、精准的数据赋给抖音从业者。抖查查打通了直播电子商务短视频数据分析的全场景需求，提供了达人、直播、产品、短视频、小店等多维度的大数据分析服务，同时拥有海量行业资源，可以为行业对接提供高效的服务，全方位地助力运营变现。图 2-29 所示为抖查查实时大盘数据界面。

图 2-29 抖查查实时大盘数据界面

2. 灰豚数据

灰豚数据是一款实用的直播数据采集工具，提供了行业、达人、直播、产品、品牌、短视频等相关分析数据，也提供了实时直播榜、带货榜、小店榜、涨粉榜等各类电子商务直播的相关榜单，是将直播数据可视化的数据分析监测云平台，可以精准、可靠、高效地提供淘宝直播平台的数据分析服务。图 2-30 所示为灰豚数据工作台界面。

图 2-30　灰豚数据工作台界面

3．新抖

新抖是新榜旗下的抖音短视频和直播数据平台，是一款直播数据采集工具，提供了红人直播带货、抖音达人榜单、抖音热门视频、抖音热卖产品等数据，可以助力账号运营及选品投放。图 2-31 所示为新抖首页。

图 2-31　新抖首页

新抖的覆盖面广，目前收录的抖音号样本已达千万级，每日对百万级的账号内容进行及时更新。对于粉丝数量在 5 万人以上的抖音号，新抖进行了重点覆盖，每个用户都可以免费提交自己喜爱的抖音号进行收录（收录之后可以随时在新抖上查看该抖音号的相关数据）。

新抖的功能强大，可以提供创意素材（如视频、音频、话题、评论等），抖音号排行、种草带货、LBS（基于位置服务）打卡探店、品牌声量查询、运营数据下载、DOU+投放实时监测等全面的在线数据服务。此外，在新抖还可以找到丰富的情报、有深度的报道、知识百科、导航、交流社群等。

三、短视频数据采集工具

常用的短视频数据采集工具有飞瓜数据、蝉妈妈、新榜等。

1. 飞瓜数据

飞瓜数据是一款专业的热门短视频、产品及账号数据采集工具，采用大数据追踪短视频的流量趋势，为用户提供热门短视频、音乐、爆款产品及优质账号排行，帮助账号运营者实现账号内容定位、粉丝增长、粉丝画像及流量变现。飞瓜数据是一款非常适合专业的抖音营销者和抖音代运营者的数据采集工具。图 2-32 所示为飞瓜数据（抖音版）短视频和直播分析工作台界面。

通过飞瓜数据可以查询包括抖音、快手、B 站、微视、秒拍等主流短视频平台的数据，飞瓜数据的功能齐全，但免费功能十分有限，大部分功能都需要收费。

图 2-32　飞瓜数据（抖音版）短视频和直播分析工作台界面

2. 蝉妈妈

蝉妈妈是一款垂直于全网短视频的电子商务数据采集工具，依托于专业的数据挖掘与分析能力，其中的大数据通过分析海量热点视频趋势，精准触达热门短视频内容、优质达人账号及爆款产品。蝉妈妈利用强大的数字营销服务能力，不断引领直播电子商务行业变革，推进直播电子商务行业的创新和发展，力求实现"品效合一"。图 2-33 所示为蝉妈妈首页。

图 2-33　蝉妈妈首页

3. 新榜

新榜是一款专注于传播内容的数据采集工具，提供了丰富的数据采集和分析服务，覆盖多个主流社交媒体平台，包括微博、抖音、快手、小红书等。使用新榜可以进行多维度的数据采集和分析，这些维度包括用户互动、内容传播路径、话题热度、创作者影响力等，并通过直观的数据可视化界面呈现结果。此外，使用新榜可以进行创作者分析，影响力评估、内容传播效果分析，以及热门话题的挖掘和分析。使用新榜提供的多种功能可以帮助用户全面了解内容在社交媒体上的表现力和影响力，为营销、品牌推广等工作提供强有力的数据支持。图 2-34 所示为新榜首页。

图 2-34　新榜首页

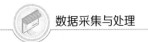
四、非法使用爬虫涉及的法律问题

使用爬虫对电子商务数据进行采集是企业常用的方法。然而，目前使用爬虫获取的数据的合法性如何界定已经成为值得每个电子商务从业者思考的问题。我国现行的法律法规并没有给出爬虫行为明确的定义。中国互联网协会在 2012 年 12 月发布的《互联网搜索引擎服务自律公约》中给出了爬虫行为简单的定义："网络机器人（Web robots，也叫网络游客、爬虫程序、蜘蛛程序）是自动爬行网络的程序。"而国家互联网信息办公室在 2019 年 5 月出台的《数据安全管理办法（征求意见稿）》中，首次对爬虫行为进行了明确规定："网络运营者采取自动化手段访问收集网站数据，不得妨碍网站正常运行；此类行为严重影响网站运行，如自动化访问收集流量超过网站日均流量三分之一，网站要求停止自动化访问收集时，应当停止。"

提及爬虫，不得不说 Robots 协议（爬虫协议），它是爬取与被爬取之间的协议，是一种行业惯例。Robots 协议的全称是 Robots Exclusion Protocol，即网络爬虫排除标准，网站通过 Robots 协议告诉搜索引擎哪些网页可以爬取，哪些网页不可以爬取。Robots 协议是国际互联网界通行的道德规范，虽然没有写入法律，但是每个爬虫都应该遵守。2012年，中国互联网协会发布的《互联网搜索引擎服务自律公约》的核心就在于各签约方遵守 Robots 协议。图 2-35 所示为淘宝的部分 Robots 协议。

图 2-35　淘宝的部分 Robots 协议

爬虫本身不会涉及法律问题，但是若恶意使用爬虫，不遵守 Robots 协议，则严重时会触犯法律。非法使用爬虫涉及的法律问题如表 2-3 所示。

表 2-3 非法使用爬虫涉及的法律问题

责任类型	具体责任	责任说明
刑事责任	侵犯公民个人信息罪	如果利用爬虫爬取的信息属于公民个人信息，则会触犯《中华人民共和国刑法》第二百五十三条，构成侵犯公民个人信息罪
民事责任	侵犯商业秘密	如果利用爬虫爬取商业秘密等信息，并进一步利用爬取的信息，甚至公开披露、使用爬取的信息，那么可能会触犯《中华人民共和国反不正当竞争法》第九条，视为侵犯商业秘密

项目三 市场数据采集

知识目标

（1）了解市场数据的内容。

（2）认识市场数据采集的常用渠道。

（3）了解行业数据分析的常用指标。

（4）清楚竞争数据采集的具体操作过程。

技能目标

（1）能够完成行业数据采集。

（2）能够完成企业目标客户锁定。

（3）能够完成竞争数据采集。

任务分解

本项目包含了3个任务，具体如下。

任务一 市场数据认知；

任务二 行业数据采集；

任务三 竞争数据采集。

本项目将重点介绍市场数据认知、行业数据采集及竞争数据采集等内容。通过本项目的学习，学生可以掌握市场数据采集的必备知识与技能，并将其应用在具体的市场数据采集实践中。

任务情境

对市场数据进行综合分析可以使众多分散的市场数据相互融合、互为补充，辅助电子商务企业进行决策（如选择行业、选择产品、制定销售目标、安排营销节奏等）。北京特产专营店被正式开设前，小王需要先对市场数据进行调查，通过市场数据分析，了解买家的需求是什么；市场现阶段是否处于饱和状态；同行之间的竞争情况怎么样；所在的行业是否属于热门行业；自己店铺的定位是什么等。只有深入掌握市场现状及趋势，才能让自己的店铺立于不败之地。

任务一 市场数据认知

任务分析

对市场数据进行分析，分析结果是进行项目创投、制定发展战略的依据。而对市场数据进行采集则是对市场数据进行分析的前提。对市场数据进行采集之前，小王首先需要了解市场数据包括哪些内容，以及可以借助哪些渠道等。

任务实施

一、了解市场数据的内容

市场数据包括市场规模、市场趋势、市场需求、目标客户、竞争态势等内容。通过对市场数据的众多内容进行归纳可知，市场数据包括以下两个方面。

1. 行业数据

行业是指由众多提供同类或相似产品的企业构成的群体。通过对行业数据（如行业集中度、行业市场规模、产品售卖周期、客户品牌及属性偏好等）进行宏观及微观分析有助于企业判定其所选行业是否有较好的发展态势，行业的天花板在哪里，行业类目下哪些子行业比较有发展潜力等，据此可以对行业有整体的判断，从而找到后期销售额提升的"蓝海"机会，并明确可以切入的类别。

2. 竞争数据

除了行业数据，竞争数据也是市场数据。在信息透明的互联网时代，由于容量大、竞争小的市场很少，因此企业需要投身到竞争环境中，通过比较自身在同行业中的位置，了解自身的优势，找出自身和竞争对手的差距，并不断地进行优化。竞争数据主要包括竞争对手的产品构成、畅销产品、产品销量、交易额、销售价格、客单价、活动信息、活动内容、活动周期、产品评价、服务政策、店铺流量、推广渠道、搜索排名等。

二、认识市场数据采集的常用渠道

1. 市场调研

市场调研是指通过互联网搜索引擎、社交媒体平台和专业调研网站进行数据搜集，包括行业报告搜集、问卷调查、消费者评论搜集等。其中，行业报告是通过对特定行业的长期监测，对行业的整体情况和发展趋势（包括行业生命周期、行业成长空间和盈利空间、

行业演变趋势等）分析得到的数据。数据分析人员通过研读行业报告，从中挖掘出反映行业市场变化的关键数据。行业报告的获取渠道有前瞻产业研究院、199IT、艾瑞咨询等许多第三方调研机构公布的调研成果，通过对报告的分析、研读，可以分析市场情况。问卷调查可以根据分析目的自主设计调研问卷，通过在线或离线问卷调查来收集客户对产品、服务或市场趋势的看法和意见，从而了解其对产品或服务质量的评价、期望和想法。

2. 生意参谋的市场模块和竞争模块

生意参谋是淘宝提供的数据采集、分析工具，通过生意参谋的市场模块和竞争模块，采集人员可以获取在淘宝的行业数据及竞争数据。卖家可以通过实时监控市场大盘、本店铺层级等数据，快速了解行业动态；也可以通过对行业 TOP 卖家、产品、品牌排行进行实时监控与分析，识别竞争对手，并实时监控竞争动态；还可以通过对行业客群、搜索客群、品牌客群、属性与产品等进行深度分析，锁定热门人群特质及人群变化趋势，挖掘市场空间。图 3-1 所示为生意参谋菜单栏。

图 3-1　生意参谋菜单栏

3. 百度指数

百度指数是由百度推出的一款数据采集工具，用于帮助用户了解在百度搜索引擎上的搜索趋势和热度。通过百度指数，用户可以查看特定关键词在一段时间内的搜索量变化、地域分布、相关搜索词等信息，从而了解特定话题、产品或事件的热度与趋势。

使用百度指数可以帮助市场营销人员、企业决策者、媒体从业者等很好地了解用户的搜索行为和兴趣，有助于帮助其制定营销策略、产品推广方案等。同时，百度指数可以作为一种舆情监测工具，帮助用户了解特定事件、话题在网络中的传播范围和影响力。图 3-2 所示为百度指数首页。

图 3-2　百度指数首页

通过查看百度指数中关键词的"趋势研究"界面、"需求图谱"界面、"人群画像"界面，运营者不仅可以了解关键词的热门程度，而且可以清楚地了解搜索该关键词的相关人群特征。

1）趋势研究

在百度指数首页的搜索框中输入关键词，单击搜索框右侧的"开始搜索"按钮，便可进入关键词的"趋势研究"界面。

进入关键词的"趋势研究"界面后，首先看到的就是"搜索指数"界面。"搜索指数"界面中包含两个方面的内容：一是关键词近30天的搜索指数变化情况；二是关键词"整体日均值""移动日均值""整体同比""整体环比""移动同比""移动环比"的数值。图3-3所示为关键词"猕猴桃"的"搜索指数"界面。

图 3-3　关键词"猕猴桃"的"搜索指数"界面

"搜索指数概览"界面下方是"资讯关注"界面。在"资讯关注"界面中，可以查看资讯指数的相关数据。图3-4所示为关键词"猕猴桃"的"资讯指数"界面。单击界面中的"全国"下拉按钮，可以设置按省份查看数据。

2）需求图谱

选中"需求图谱"单选按钮，便可进入"需求图谱"界面，在该界面中可以查看关键词的需求图谱和相关词热度。

在"需求图谱"界面中，通过一张图片展示与关键词相关的词汇的搜索指数高低和搜索趋势。图3-5所示为关键词"猕猴桃"的"需求图谱"界面。

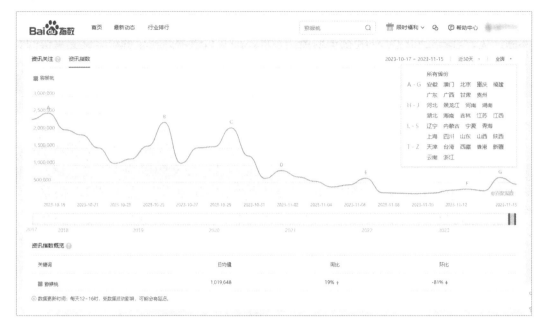

图 3-4　关键词"猕猴桃"的"资讯指数"界面

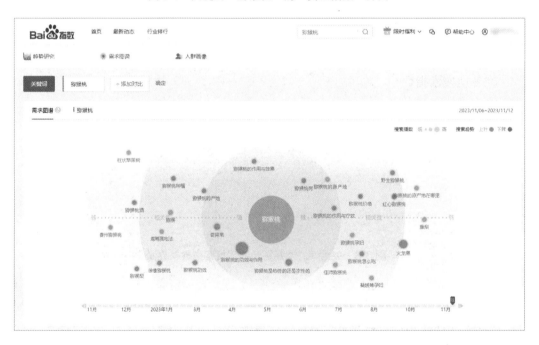

图 3-5　关键词"猕猴桃"的"需求图谱"界面

　　在"相关词热度"界面中，分别对相关词的搜索热度和搜索变化率进行展示。图 3-6 所示为关键词"猕猴桃"的"相关词热度"界面。

图 3-6 关键词"猕猴桃"的"相关词热度"界面

3）人群画像

单击"人群画像"按钮，便可进入"人群画像"界面。在"人群画像"界面中，可以查看人群属性数据。具体来说，进入"人群画像"界面之后，首先看到的是关键词的地域分布。

在各地搜索指数的排行中，可以通过单击"省份"选项、"区域"选项、"城市"选项来查询具体的排行。图 3-7 所示为关键词"猕猴桃"各省份的搜索指数排行。图 3-8 所示为关键词"猕猴桃"各城市的搜索指数排行。

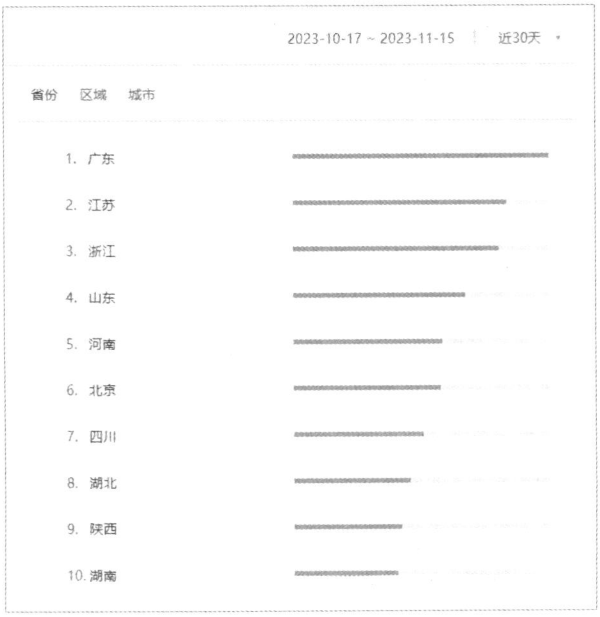

图 3-7 关键词"猕猴桃"各省份的搜索指数排行

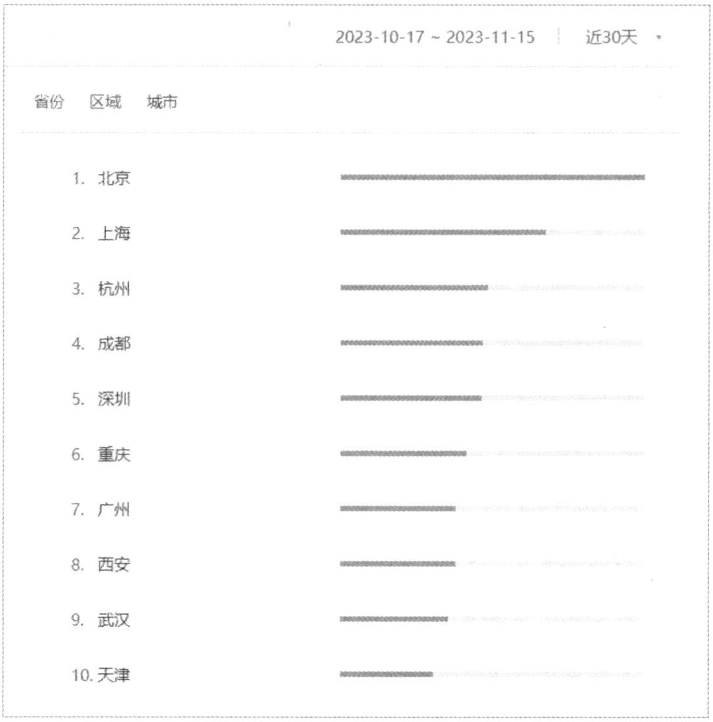

2023-10-17 ~ 2023-11-15
近30天
省份
区域
城市
1. 北京
2. 上海
3. 杭州
4. 成都
5. 深圳
6. 重庆
7. 广州
8. 西安
9. 武汉
10. 天津

图 3-8　关键词“猕猴桃”各城市的搜索指数排行

“地域分布”界面下方是“人群属性”界面。“人群属性”界面对关注该关键词的用户的年龄分布和性别分布情况进行了展示。

具体来说，“年龄分布”界面会对各年龄段用户关注该关键词的占比、全网分布占比和 TGI（Target Group Index，群体目标指数）进行展示；“性别分布”界面则会对男性用户和女性用户关注该关键词的占比、全网分布占比和 TGI 进行展示。图 3-9 所示为关键词“猕猴桃”的“人群属性”界面。

人群属性
2023-10-01 ~ 2023-10-31
年龄分布
猕猴桃
全网分布
TGI
40%
30%
20%
10%
120
90
60
30
≤19
20~29
30~39
40~49
≥50
性别分布
60%
45%
30%
15%
女
男

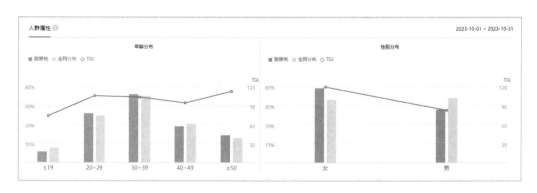

图 3-9　关键词“猕猴桃”的“人群属性”界面

“人群属性”界面下方是“兴趣分布”界面。“兴趣分布”界面对各领域关注该关键词的占比、全网分布人群占比和 TGI 进行了展示。图 3-10 所示为关键词“猕猴桃”的“兴趣分布”界面。

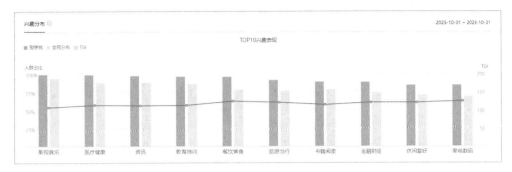

图 3-10　关键词"猕猴桃"的"兴趣分布"界面

知识链接

一、市场数据采集的价值

市场数据采集的价值体现在以下 3 个方面。

（1）采集市场数据有利于企业及时发现新的市场机会，预测市场行情，及时、有效地调整市场或品牌战略，开拓潜在市场。

（2）采集市场数据有利于提高信息的对称性，为企业的经营决策提供参考，让决策的参考信息更充分，从而保证经营决策的科学性、有效性。

（3）采集市场数据有利于进行数据整合，提升市场竞争力。例如，根据整合后的数据进行价格带分析、客户满意度分析等，帮助企业调整战略目标，提升市场竞争力。

二、市场数据指标

市场数据指标主要用于描述行业情况和企业在行业中的发展情况，是企业制定经营决策时需要参考的重要内容。

常用的市场数据指标主要包括行业销量、行业销量增长率、行业销售额、行业销售额增长率、行业平均利润、行业平均成本、企业市场占有率、企业市场扩大率、竞争对手销售额、竞争对手客单价、竞争产品评价等。

1. 行业销量

行业销量是指行业内产品销售总数量。

2. 行业销量增长率

行业销量增长率是指行业内本期产品销售总数量与行业内上期或同期产品销售总数量之间的百分比。其计算公式为：

行业销量增长率=行业内本期产品销售总数量÷行业内上期或同期产品销售总数量×100%

3. 行业销售额

行业销售额是指在一定时间内行业内产品成交数量对应的花费，同一种交易类型，行业内产品成交数量越大，行业销售额就越大。

4. 行业销售额增长率

行业销售额增长率是指行业内本期产品销售额与行业内上期或同期产品销售额之间的百分比。其计算公式为：

行业销售额增长率=行业内本期产品销售额÷行业内上期或同期产品销售额×100%

5. 行业平均利润

行业平均利润是指行业利润总额与行业主要企业数量之间的比值。其计算公式为：

行业平均利润=行业利润总额÷行业内主要企业数量

6. 行业平均成本

行业平均成本是指行业总成本与行业内主要企业数量之间的比值。其计算公式为：

行业平均成本=行业总成本÷行业内主要企业数量

7. 企业市场占有率

企业市场占有率是指企业销量或销售额与行业销量或销售额的百分比。其计算公式为：

企业市场占有率=企业销量或销售额÷行业销量或销售额×100%

8. 企业市场扩大率

企业市场扩大率（市场增长率）是指本期企业市场销量或销售额较上期企业市场销量或销售额增长的百分比。其计算公式为：

企业市场扩大率=（本期企业市场销量或销售额-上期企业市场销量或销售额）÷上期企业市场销量或销售额×100%

9. 竞争对手销售额

竞争对手销售额是指企业竞争对手在一定时间内所销售产品数量对应的总销售金额。

10. 竞争对手客单价

竞争对手客单价是指企业竞争对手在一定时间内每个客户平均购买产品的金额。其计算公式为：

竞争对手客单价=竞争对手销售额÷竞争对手成交客户数

11. 竞争产品评价

竞争产品评价是指企业竞争产品的评价。使用该指标能够让企业了解竞争产品的客户满意度、客户认可度等情况。

任务二　行业数据采集

任务分析

企业在进入新的行业之前，需要全面地了解新的行业的发展现状、发展趋势、市场需求，以及目标客户人群，据此提前做出合理的布局。因此，小王计划对北京特产的行业数据进行采集，从而借助行业数据分析结果探索行业情况，从中选择市场容量大、销售前景好的子行业进入，并进一步分析子行业的目标人群，以有针对性地选品与运营。

任务实施

一、行业发展数据采集

行业发展数据通常会涉及行业总销售额、增长率等指标。这些指示主要来源于国家统计局、行业协会、数据公司发布的行业统计数据与行业报告等。图 3-11 所示为艾瑞咨询的最新报告界面。这些行业数据为行业或行业内龙头企业的相关数据，参考性较高。此外，艾瑞咨询还提供了可视化的研究图表，可视化的研究图表能够直观地展示行业的具体情况。图 3-12 所示为艾瑞咨询的研究图表界面。

除了可以研究行业报告，还可以借助第三方平台对行业发展数据进行采集。卖家选择店铺的主营产品之前，需要先对整个市场有一个充分的了解。首先，分析市场的整体趋势；其次，对自己所在行业的发展趋势进行深入的考察和研究，掌握自己所在行业的采购市场行情和动态，熟悉自己所在行业的消费者市场走势和特性。

以淘宝为例，新手卖家可以从生意参谋上查看淘宝采购指数、热门行业和潜力行业数据。行业发展数据采集的具体操作步骤如下。

图 3-11　艾瑞咨询的最新报告界面

图 3-12　艾瑞咨询的研究图表界面

步骤 1：采集淘宝采购指数。

淘宝采购指数是根据计算淘宝市场所在行业的成交量得出的一个综合数值。该数值越高，表示在淘宝市场的采购量越多。图 3-13 所示为糕点的淘宝采购指数趋势。可以看出，淘宝店铺在 1 月中旬处于一个采购糕点的低迷期，在 1 月下旬采购指数先继续下降到最低，然后开始逐渐上升。仔细研究这个时间点不难发现，1 月中旬处于春节期间。随着时间的推移，从 3 月初开始糕点的采购指数骤然上升，且其市场逐渐明朗，这是因为节后人们的生活逐渐恢复正常。可见，淘宝采购指数的高低与人们的生活节奏息息相关，也正是因为有这种特殊日期和正常日期之分，才形成了这个市场的动态变化过程。因此，卖家在采购产品前需要考虑特殊日期和正常日期，这些因素会影响购物趋势。

步骤 2：采集热门行业和潜力行业数据。

在"行业大盘"数据中卖家可以了解与所查询产品相关的热门行业和潜力行业数据。图 3-14 所示为与糕点相关的热门行业数据。阿里指数根据这些相关的热门行业的采购情况对淘宝市场的需求做出了一个预测，从图 3-14 中可以看出，有些品类的采购指数大幅度上升，有些品类的采购指数保持平稳。因此，卖家在采购主营产品时，可以关注与此相关的热门行业。

同样地，在"行业大盘"数据中还可以查看与所查询产品相关的潜力行业数据。图 3-15 所示为与糕点相关的潜力行业数据。

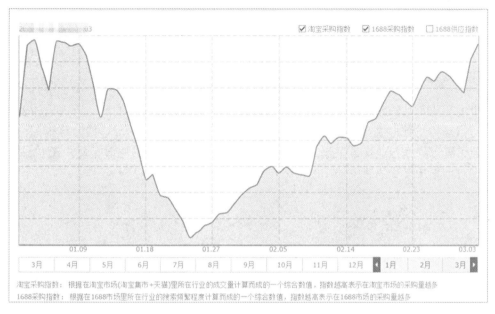

图 3-13　糕点的淘宝采购指数趋势

图 3-14　与糕点相关的热门行业数据

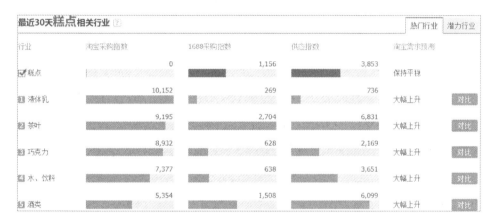

图 3-15　与糕点相关的潜力行业数据

总之，通过查询热门行业和潜力行业数据，卖家可以摸清行业趋势，洞察同行业中其他卖家的采购趋势。

二、市场需求数据采集

市场需求反映的是在一定的时期和地区内，客户对计划购买的产品表现出的各类需求。对市场需求数据进行分析通常会涉及需求变化、品牌偏好、价格偏好等指标。这些指标除了可以通过行业报告采集，还可以通过百度指数等第三方工具采集。图3-16所示为通过百度指数采集的北京特产的搜索指数。

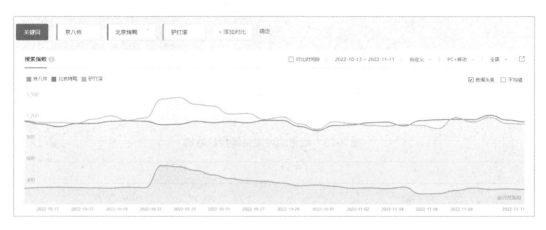

图 3-16 通过百度指数采集的北京特产的搜索指数

1. 市场需求变化数据采集

市场需求变化数据采集的具体操作步骤如下。

步骤1：确定数据指标。

市场需求变化数据通常会涉及市场需求分布、市场相关词的热搜情况等数据指标。

步骤2：确定数据采集渠道。

百度搜索和360搜索是目前国内用户量比较大的两个平台。以百度搜索为例，作为全球领先的中文搜索引擎，通过其得到的数据的参考性较高。可以将与"北京特产"相关关键词的百度指数作为数据采集源，也可以将具体的特产名称作为关键词进行数据采集。

在百度指数上采集的市场需求数据，包括市场需求图谱和相关词热度两个数据指标，可采集近一周的数据结果。

步骤3：分析市场需求数据。

图3-17和图3-18所示为以"北京特产"为关键词进行搜索获取的市场需求图谱和相关词热度。通过以上数据，卖家可以分析出市场需求比较高的细分产品。

图 3-17 市场需求图谱

图 3-18 相关词热度

2. 客户品牌偏好数据采集

品牌偏好是多个因素综合影响下的客户态度的结果，客户在采取购买行动之前，心中就已有了既定的品位及偏好，只有极少数的客户会临时起意冲动性购买。整体而言，就算购买是无计划性的、无预期性的，客户仍会受到心中既有的品位及偏好的影响。通常，可以通过生意参谋、京东商智等工具采集指定行业热销品牌榜数据。

3. 客户价格偏好数据采集

市场价格是产品价值的货币表现，通常是指一定时间内某种产品在市场上形成的具有代表性的实际成交价格。市场供求是形成市场价格的重要参数，当市场需求扩大时，市场价格趋于上涨，高于价值；当供求平衡时，市场价格相对稳定，符合价值；当市场需求萎缩时，市场价格趋于下跌，低于价值。通常，可以通过淘宝、京东人工采集客户价格偏好数据。图 3-19 和图 3-20 所示分别为从淘宝、京东上采集的客户对于北京特产的价格偏好数据。

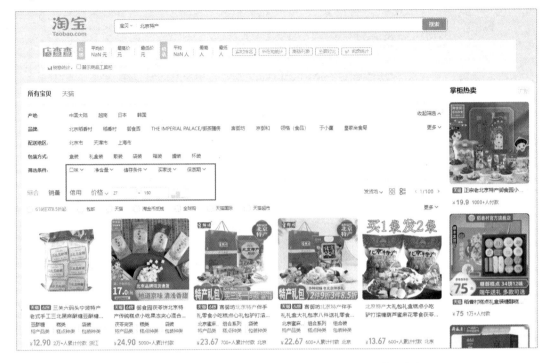

图 3-19　从淘宝上采集的客户对于北京特产的价格偏好数据

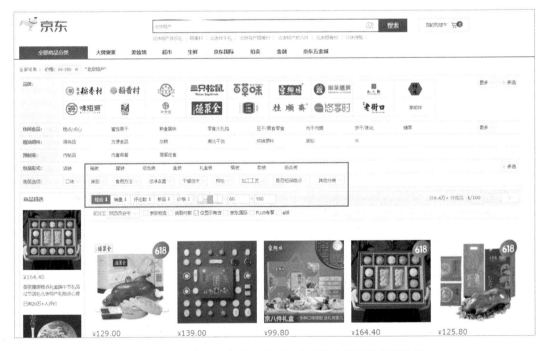

图 3-20　从京东上采集的客户对于北京特产的价格偏好数据

三、目标客户数据采集

在对行业数据进行分析前，除了需要采集行业发展数据和市场需求数据，还需要根据自己店铺的产品类别和服务类型采集目标客户数据。目标客户数据采集的具体操作步骤如下。

步骤1：确定数据指标。

目标客户数据通常会涉及目标客户的地域分布、性别占比、年龄结构占比、职业领域占比等指标。

步骤2：确定数据采集渠道。

可以借助行业报告、指数工具等对整个行业的目标客户数据进行采集。

在第三方平台开店的卖家可以通过第三方平台提供的数据工具进行目标客户数据采集。以在淘宝开店为例，可以通过淘宝提供的生意参谋，在行业客群模块中采集目标客户的性别、年龄、地域分布、职业特征等数据。图3-21所示为各省份不同产品的关键词点击率数据。图3-22所示为不同产品的客户职业数据。

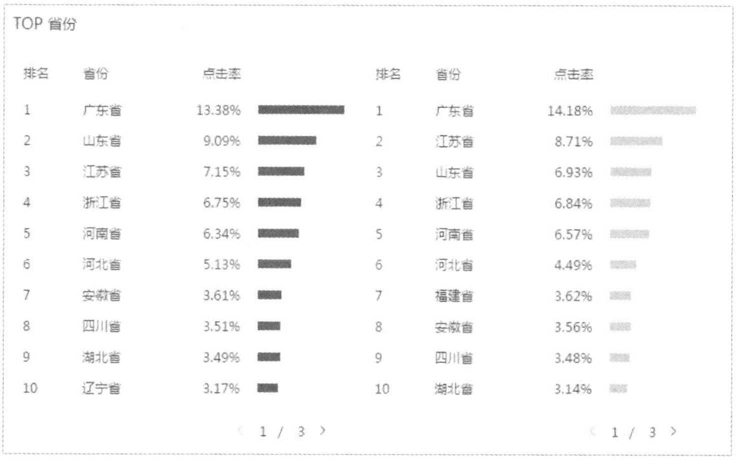

图 3-21　各省份不同产品的关键词点击率数据

图 3-22　不同产品的客户职业数据

除了可以借助生意参谋，还可以借助百度指数对目标客户进行人群画像数据采集。人群画像数据是通过对地域分布、人群属性进行精准统计分析后得到的数据，用于帮助卖家更加准确地了解该产品客户群体的特性。

● 地域分布。

图 3-23 所示为搜索关键词"北京特产"的目标客户的地域分布情况。可以看出,北京、广东、江苏的目标客户对北京特产的关注度较高。可以针对区域或城市继续进行排名分析。卖家根据地域分布,可以精准地了解目标客户的地域分布情况。

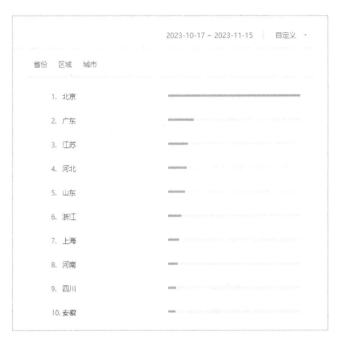

图 3-23 搜索关键词"北京特产"的目标客户的地域分布情况

● 人群属性。

图 3-24、图 3-25 所示分别为搜索关键词"北京特产"的目标客户的年龄分布情况和性别分布情况。以年龄为纬度进行分析,搜索关键词"北京特产"的目标客户的年龄在 30~39 岁的人群占比最高,为 40.23%。以性别为纬度进行分析,搜索关键词"北京特产"的女性占 54.51%。综合对以上两个指标进行分析可知,卖家在北京特产的风格特色、功能、价格定位方面都应重点考虑 30~39 岁女性客户的需求和消费特点。

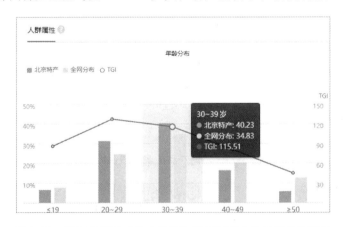

图 3-24 搜索关键词"北京特产"的目标客户的年龄分布情况

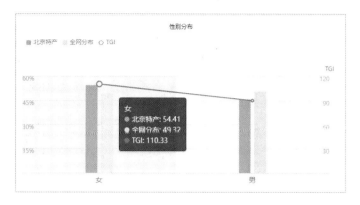

图 3-25　搜索关键词"北京特产"的目标客户的性别分布情况

> **知识链接**

一、行业数据分析的常用指标

运营者通常会使用行业稳定性和行业集中度对行业数据进行分析，根据分析结果显示市场情况。

1. 行业稳定性

行业稳定性涉及波动系数和极差两个指标。其中，波动系数=标准差/平均值；极差=最大值-最小值。通常，波动系数和极差只有相互配合，才能很好地反映行业稳定性。对规模较小的企业而言，选择波动系数越大的市场，机会可能就越大；对规模中等的企业而言，如果资源较好，那么建议选择波动系数较小的市场，因为这个市场做起来后就相对稳定了，只要控制好供应链就行。波动系数与数据本身的大小没有关系，千万元级别的数据和百万元级别的数据得到的波动系数可能相差无几，但它们的量级则有较大差别。因此，可以进一步使用极差这个指标显示数据的量级。

2. 行业集中度

行业集中度又称行业集中率、市场集中度，是对整个行业市场集中程度和市场实力进行测量的重要量化指标，可以反映某个行业的饱和度、垄断程度，一般通过赫芬达尔—赫希曼指数（HHI）来反映。该指数在 $1/n\sim1$ 范围内变动。该指数的数值越小，说明行业集中度越小，越趋于自由竞争。

二、分析行业数据常用的对比方法

与行业数据密切相关的指标是增幅，即增长速度。增幅又分为环比增幅和同比增幅两种。下面分别介绍环比增幅和同比增幅。

环比增幅是本期数据较上期数据增长的百分比，如 2023 年 10 月与 2023 年 9 月比较就称环比。其计算公式为：

环比增幅=（本期数据-上期数据）÷上期数据×100%

同比增幅是本期数据较历史同期数据增长的百分比，如 2023 年 10 月与 2022 年 10

月比较就称同比。其计算公式为：

$$同比增幅=（本期数据-历史同期数据）÷历史同期数据×100\%$$

环比增幅和同比增幅均用百分数表示。环比可以分为日环比、周环比、月环比和年环比。环比增幅主要是指短时间内的增幅程度。同比增幅一般是指相邻两年的相同月份之间的增幅，很少以相邻两月的相同日期来进行对比。

虽然环比增幅和同比增幅都反映变化速度，但由于其采用的基期不同，因此其反映的内容也是完全不同的。一般来说，可以拿环比增幅与环比增幅相比较，不能拿同比增幅与环比增幅相比较。

三、目标客户调研的主要内容

目标客户是指公司或品牌在市场营销策略中针对的特定群体或个人。随着经济的发展和市场的日益成熟，市场的划分越来越细，以至于每项服务都要面对不同的需求。只有确定了消费群体中的某类目标客户，才能有针对性地开展营销活动并获得成效。

目标客户调研主要包括两个方面的内容：一是需求动机调查，调查目标客户的购买意向、影响目标客户购买动机的因素、目标客户购买动机的类型等；二是购买行为调查，调查不同目标客户的不同购买行为、目标客户的购买模式、影响目标客户购买行为的社会因素及心理因素等。

任务三 竞争数据采集

任务分析

电子商务企业的发展，不仅受到其自身产品特色、服务能力、供应链优势的影响，而且受到竞争对手的影响。因市场份额是有限的，故若竞争对手占据较多的市场份额，则意味着电子商务企业自身占据的市场份额减少。因此，小王需要有效识别行业竞争对手，并对竞争对手进行分析，帮助决策者了解竞争对手的发展势头，为企业战略的制定、调整提供数据支持。

竞争数据是对在电子商务业务中彼此存在竞争关系的卖家、品牌、产品的各项运营数据的总称。通过对竞争数据的变化进行分析，运营者可以从中发现竞争对手的运营习惯、销售策略等，从而制定更有针对性的营销方案、运营策略。

进行竞争数据采集可以借助一些工具，如要采集淘宝、天猫的竞争对手的数据可以采用店查查等数据采集工具。由于平台规则的不断变化和限制，因此会遇到历史数据无法通过采集工具采集或采集异常的情况，这时可以通过对竞争对手的数据进行监控及制作竞争数据采集表来完成竞争数据的采集。图 3-26 所示为某店铺制作的竞争数据采集表。

竞争数据采集表											
序号	店铺名称(链接)	产品类别	店铺类别	热销产品(链接)	累计评价	成交量	售价	评价特色	评价缺陷	促销方式(活动)	备注

图 3-26　竞争数据采集表

任务实施

一、竞争对手识别

竞争对手是指对电子商务企业发展可能造成威胁的企业,具体是指与本企业生产和销售同类产品或替代品,提供同类服务或替代服务,以及价格区间相近,目标客户类似的相关企业。

竞争对手的类型有很多,如何有效识别竞争对手是企业发展的重中之重。在店铺运营前期,可根据计划经营的产品类别,通过关键词、目标人群、价格、营销活动、视觉拍摄等进行竞争对手识别。

竞争对手识别的具体操作步骤如下。

步骤 1:明确目标。

明确竞争对手识别的目标是什么,可以根据确定的目标识别竞争对手。

步骤 2:了解行业竞争格局。

了解行业竞争格局能够帮助企业对整个行业目前的竞争激烈程度及未来走势进行分析和预判。小王在淘宝的搜索框中输入"北京特产",并设置各项条件进行搜索后,可了解到售卖北京特产的相关竞店有 19456 家,如图 3-27 所示。

图 3-27　了解行业竞争格局

步骤 3：设置筛选条件。

为了识别竞争对手，还需要结合目标人群设置筛选条件。例如，已知小王店铺经营的糕点种类为"组合系列"。在识别竞争对手前，可以设置筛选条件，小王设定糕点种类为"组合系列"，如图 3-28 所示。

图 3-28　设置筛选条件

步骤 4：设置产品售价范围。

通过之前的操作，小王进一步缩小了竞争对手的范围，但这还不能够有效识别竞争对手，需要结合自己店铺销售的产品价格设置产品售价范围。小王店铺的某产品售价为45 元，于是他将该产品的售价范围设置为 20～100 元，如图 3-29 所示。

图 3-29　设置产品售价范围

步骤 5：细化筛选条件。

通过以上步骤识别的竞争对手依然不够精准，小王需要设置更多的筛选条件。表 3-1所示为小王店铺主推的某种北京特产的关键属性。小王结合表 3-1 中的数据继续设置筛选条件，如图 3-30 所示。

表 3-1　某种北京特产的关键属性

糕点种类	组合系列
品牌	稻香村
产品类别	稻香村糕点
口味	甜味

图 3-30　继续设置筛选条件

步骤 6：记录竞争对手。

小王通过以上步骤，极大地缩小了竞争范围。图 3-31 所示为竞争对手识别的最终设置效果。因能够设置的筛选条件有限，故更为细致的识别条件需要自身去观察，用于完成竞争对手的识别。

图 3-31　竞争对手识别的最终设置效果

二、竞店数据采集

企业能否在市场上取得成功，除了取决于自身产品的类别、质量、价格，还取决于竞店的各种要素。竞店产品质量的好坏会直接影响到竞店自身的市场占有率及转化率。

在对竞店进行分析时，需要持续追踪各项关键数据，可以通过人工采集各项数据，也可以借助相应的工具采集各项数据，如使用淘宝的生意参谋的竞争模块（需付费）可以直接识别竞店，并完成竞店的监控与数据的采集。生意参谋的竞争模块如图 3-32 所示。

步骤 1：添加竞店。

进入生意参谋的竞争模块，先单击左侧导航栏中的"竞争配置"选项，再单击右侧"查询竞店"下方的"加号"按钮，在其中的文本框中输入竞店的网址，单击竞店名称，

之后单击右侧的"+添加监控"按钮，即可完成竞店的添加，如图 3-33～图 3-35 所示。

图 3-32　生意参谋的竞争模块

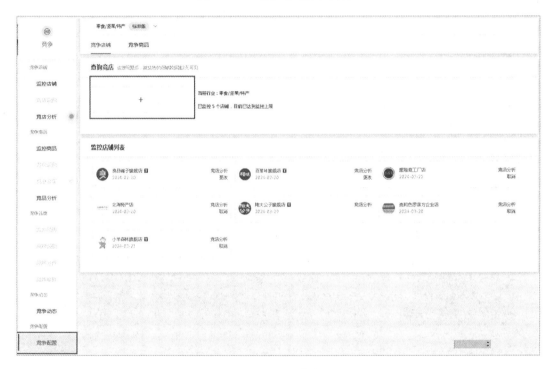

图 3-33　添加竞店

图 3-34　输入竞店的网址

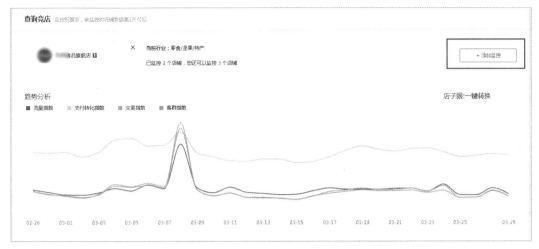

图 3-35　单击"+添加监控"按钮

步骤 2：采集竞店数据。

添加竞店后，竞店数据会出现在"监控店铺列表"中。单击"竞店分析"按钮（见图 3-36），进入竞店分析界面（见图 3-37）。

步骤 2.1：采集竞店销售数据。

进入竞店分析界面后，可以看到销售分析、流量分析、客群分析、品类分析、营销分析、内容分析和售后分析相关数据。单击"销售分析"按钮，可以采集全店的销售数据指标。可以设置采集数据的时间段，还可以采集 TOP 商品榜中的交易指数。

全店 30 日销售数据关键指标对比情况如图 3-38 所示。

TOP 商品榜中的交易指数如图 3-39 所示。

图 3-36　单击"竞店分析"按钮

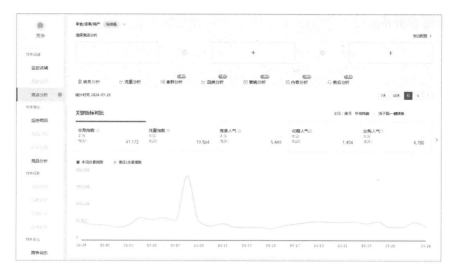

图 3-37　竞店分析界面

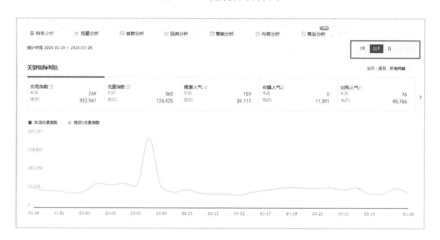

图 3-38　全店 30 日销售数据关键指标对比情况

TOP 商品榜中的交易指数

图 3-39　TOP 商品榜中的交易指数

在销售分析界面中，也能够采集竞店交易构成的支付金额占比情况，如图 3-40 所示。

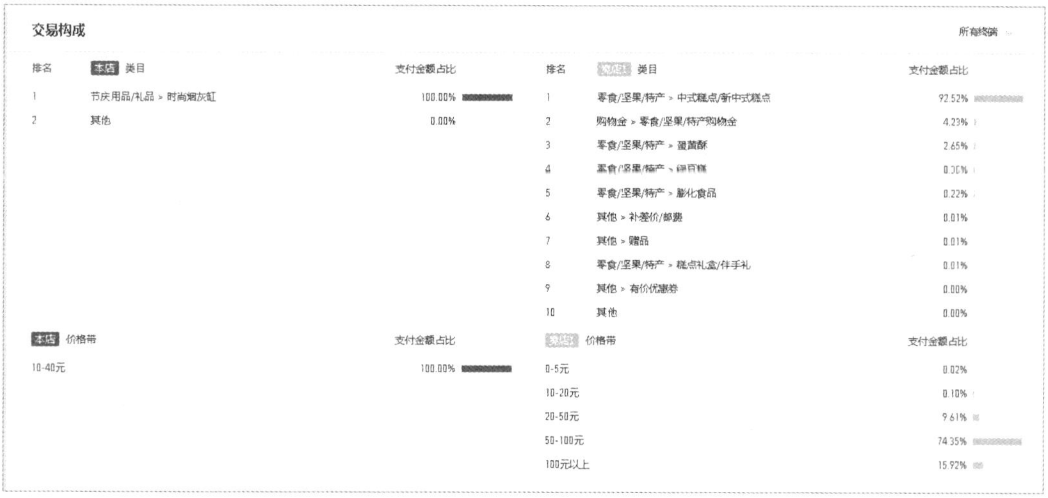

图 3-40　支付金额占比情况

步骤 2.2：采集竞店流量数据。

单击"流量分析"按钮即可进入流量分析界面。在该界面中可以采集到竞店的入店来源的流量指数、客群指数、支付转化指数及交易指数，如图 3-41~图 3-44 所示。

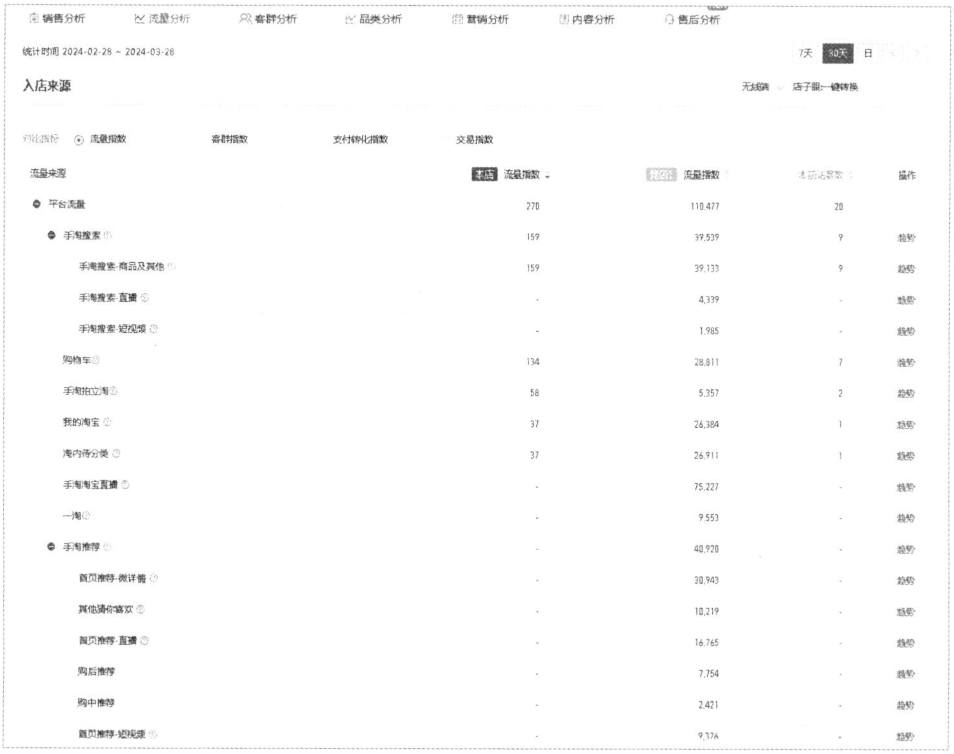

图 3-41　流量指数

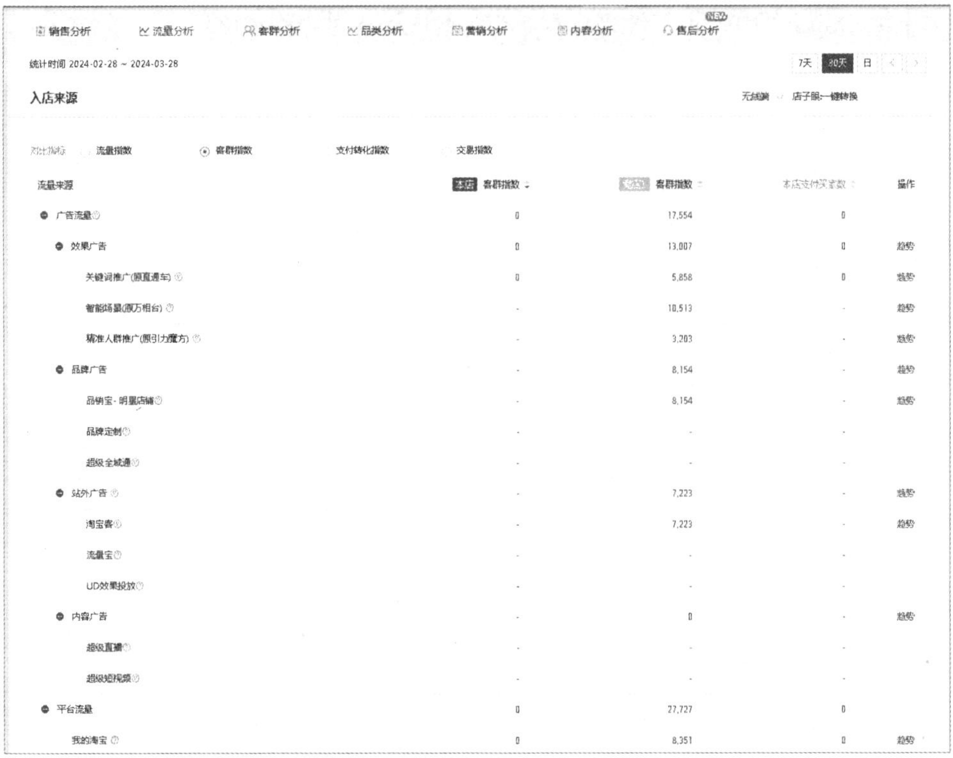

图 3-42 客群指数

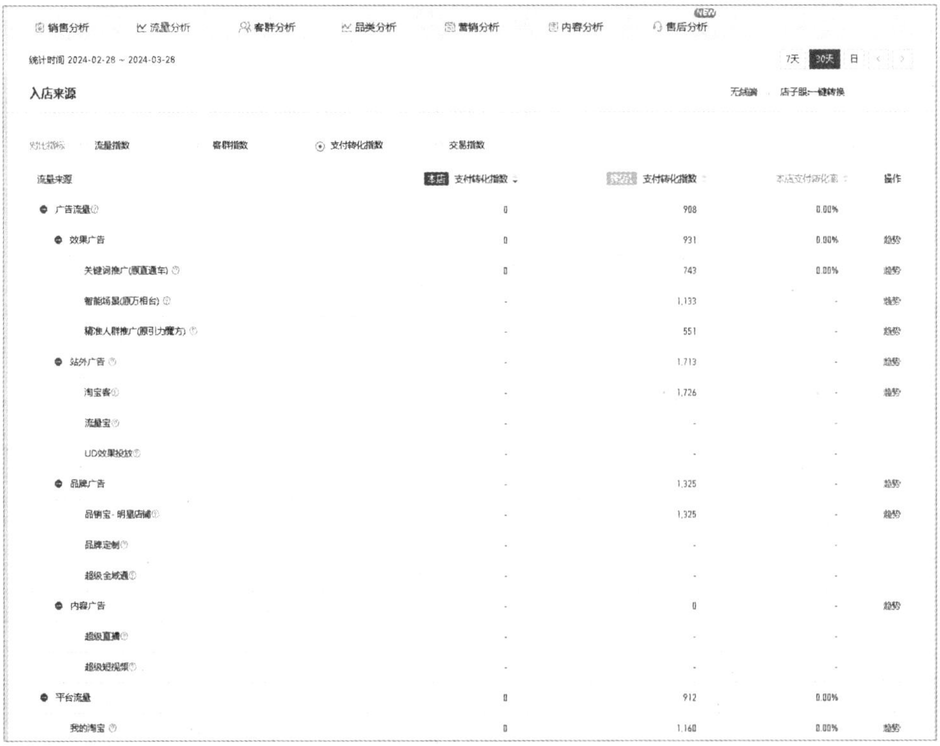

图 3-43 支付转化指数

图 3-44　交易指数

对于竞店的客群数据、品类数据、营销数据、内容数据、售后数据可以按照上面销售数据及流量数据的采集方法进行采集。

通过上面的方式即可完成竞店数据的采集，之后通过人工方式对数据进行汇总即可。

三、竞品数据采集

单品无论是形象款、主推款还是引流款，均无法回避市场竞争，为了提升单品的流量或销量，并进一步预测竞品未来的动向，企业需要对竞品数据进行多维度的采集，包括竞品的价格、基本资料、销量、营销活动、产品评价等，找出店铺自身产品与竞品之间的差距，并避开竞品的优势，挖掘自身店铺产品的优势。下面同样以生意参谋为例，讲述竞品数据采集的具体操作步骤。

步骤 1：添加竞品。

在监控竞品数据时，需要先添加竞品。同样地，进入生意参谋的竞争模块，先单击左侧导航栏中"竞争配置"选项，再单击右侧"查询竞品"下方的"加号"按钮，在其中的文本框中输入竞品的网址，单击竞品名称，之后单击右侧的"+添加监控"按钮，即可完成竞品的添加，如图 3-45~图 3-47 所示。

图 3-45　添加竞品

图 3-46　输入竞品的网址

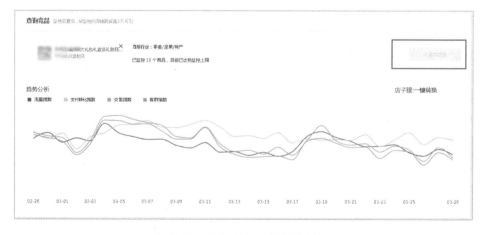

图 3-47　单击"+添加监控"按钮

步骤2：采集竞品数据。

添加竞品后，竞店数据会出现在"监控店铺列表"中。单击左侧导航栏中的"竞品分析"选项，进入竞品分析界面，选择已添加的竞品，同时可以设置采集的时间段，如7天、30天、日、周、月的时间数据，如图3-48所示。

图3-48 竞品分析界面

步骤2.1：采集关键指标数据。

设置好采集的时间段后，即可进行数据的采集。这里先进行关键指标数据的采集，关键指标包括流量指数、交易指数、搜索人气、收藏人气、加购人气等，如图3-49所示。

图3-49 关键指标

步骤2.2：采集入店搜索词数据。

向下移动鼠标指针，进入入店搜索词界面。入店搜索词包括引流关键词和成交关键词，在这里可以采集到引流关键词的访客数和成交关键词的交易指数，如图3-50和图3-51所示。

步骤2.3：采集入店来源数据。

此外，还可以采集入店来源数据，入店来源数据包含流量指数、下单买家指数、下单转化指数、客群指数、支付转化指数及交易指数，如图3-52~图3-57所示。通过单击后面的"趋势"按钮，即可查看不同来源数据的趋势。

入店搜索词　　引流关键词　成交关键词　　　　　　　　　　　　　　淘宝 | 天猫　无线端　　店子眼:一键转换

关键词	访客数
清瀛里	3,199
司康	1,331
面包	713
贝果	429
清瀛里创意烘焙	427
手作面包	382
乳酪司康	238
碱水面包	183
欧包	165
早餐	130
司康乳酪	121
面包手作	114
奶酪司康	103
蛋糕	95
米面包	68
零食	64
甜品	61
清瀛里司康	56
全麦面包	49

图 3-50　引流关键词的访客数

入店搜索词　　引流关键词　成交关键词　　　　　　　　　　　　　　淘宝 | 天猫　无线端　　店子眼:一键转换

关键词	交易指数
清瀛里	2,269
司康	978
清瀛里创意烘焙	640
贝果	562
面包	515
欧包	252
司康乳酪	252
碱水面包	243
清瀛里司康	214
米面包	203
乳酪司康	182
清瀛里 红茶乳酪夹心司康饼英式...	182
早餐	147
贝果面包	134
手作面包	134
碱水	121
碱水包	107
全麦面包	107
面包手作	107

图 3-51　成交关键词的交易指数

入店来源						无线端　店子铺:一键转换
对比指标　○ 流量指数	下单买家指数	下单转化指数	客群指数	支付转化指数	交易指数	
流量来源				流量指数 ▼	本店商品访客数	操作
● 效果广告				24,228	-	趋势
关键词推广(原直通车)				24,034	-	趋势
精准人群推广(原引力魔方)				2,003	-	趋势
智能场景(原万相台)				92	-	趋势
● 手淘推荐				19,094	-	趋势
首页推荐-微详情				17,719	-	趋势
其他猜你喜欢				5,115	-	趋势
购后推荐				1,964	-	趋势
购中推荐				831	-	趋势
● 手淘搜索				17,092	-	趋势
手淘搜索-商品及其他				17,065	-	趋势
手淘搜索-短视频				521	-	趋势
购物车				13,008	-	趋势
我的淘宝				8,339	-	趋势
淘内待分类				7,098	-	趋势
手淘淘金币				5,873	-	趋势
● 手淘其他店铺				4,584	-	趋势
商品详览页头图推荐				3,733	-	趋势
店铺超级				2,193	-	趋势

图 3-52　流量指数

入店来源						无线端　店子铺:一键转换
对比指标　流量指数	○ 下单买家指数	下单转化指数	客群指数	支付转化指数	交易指数	
流量来源				下单买家指数 ▼	本店商品下单买家数	操作
购物车				6,114	-	趋势
● 手淘搜索				4,300	-	趋势
手淘搜索-商品及其他				4,295	-	趋势
手淘搜索-短视频				76	-	趋势
● 效果广告				3,539	-	趋势
关键词推广(原直通车)				3,431	-	趋势
精准人群推广(原引力魔方)				591	-	趋势
智能场景(原万相台)				0	-	趋势
我的淘宝				2,785	-	趋势
淘内待分类				2,279	-	趋势
● 手淘推荐				2,191	-	趋势
首页推荐-微详情				1,981	-	趋势
其他猜你喜欢				682	-	趋势
购后推荐				352	-	趋势
购中推荐				107	-	趋势
一淘				2,093	-	趋势
● 站外广告				1,149	-	趋势
淘宝客				1,149	-	趋势
流量宝						趋势

图 3-53　下单买家指数

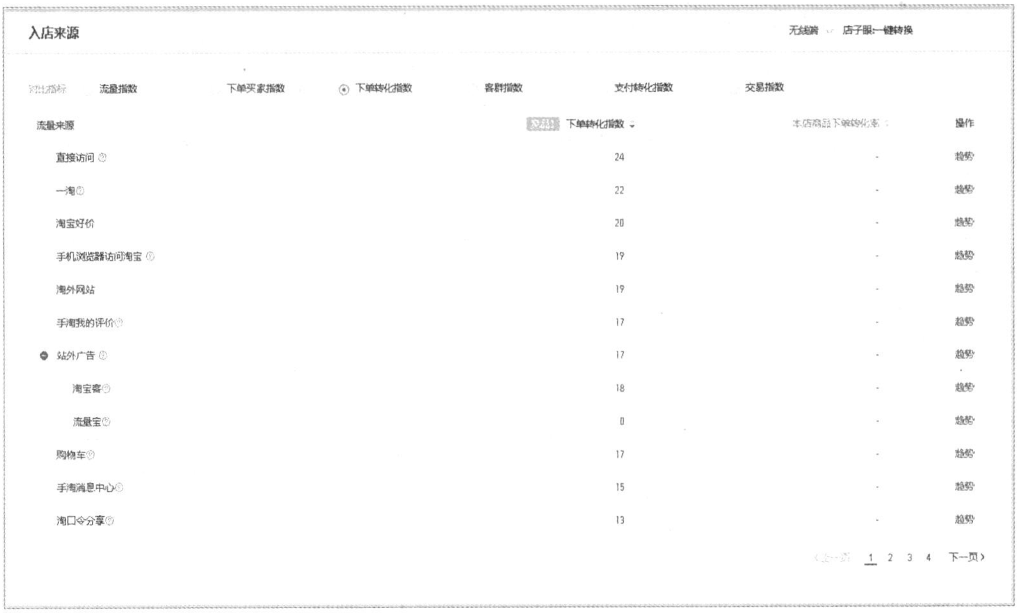

图 3-54　下单转化指数

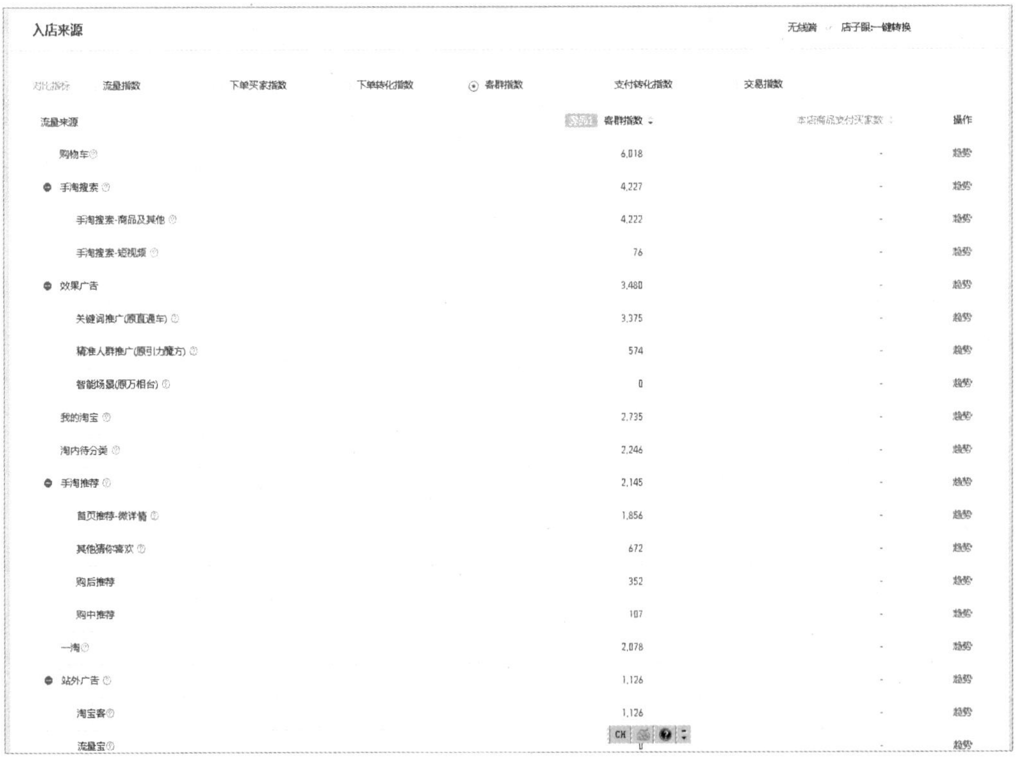

图 3-55　客群指数

入店来源   无线端   店子眼:一键转换

对比指标	流量指数	下单买家指数	下单转化指数	客群指数	◉ 支付转化指数	交易指数

流量来源	索格● 支付转化指数 ▼	本店商品支付转化率 ≑	操作
直接访问 ⑦	2,408	-	趋势
一淘 ⑦	2,228	-	趋势
淘宝好价	2,032	·	趋势
淘外网站	1,898	-	趋势
手淘我的评价 ⑦	1,738	-	趋势
● 站外广告 ⑦	1,703	-	趋势
淘宝客 ⑦	1,752	-	趋势
流量宝 ⑦	0	·	趋势
购物车 ⑦	1,677	-	趋势
手淘消息中心 ⑦	1,441	-	趋势
淘口令分享 ⑦	1,266	-	趋势
我的淘宝 ⑦	1,230	-	趋势

上一页 1 2 3 4 下一页 ›

图 3-56　支付转化指数

入店来源   无线端   店子眼:一键转换

对比指标	流量指数	下单买家指数	下单转化指数	客群指数	支付转化指数	◉ 交易指数

流量来源	索格● 交易指数 ▼	本店商品支付金额 ≑	操作
购物车	19,784	-	趋势
● 手淘搜索 ⑦	13,760	-	趋势
手淘搜索·商品及其他 ⑦	13,747	-	趋势
手淘搜索·短视频 ⑦	269	-	趋势
● 效果广告 ⑦	11,614	-	趋势
关键词推广(原直通车) ⑦	11,293	-	趋势
精准人群推广(原引力魔方) ⑦	1,949	-	趋势
智能场景(原万相台) ⑦	0	-	趋势
我的淘宝	10,530	-	趋势
● 手淘推荐 ⑦	7,451	-	趋势
额页推荐·猜详情 ⑦	6,404	-	趋势
其他猜你喜欢 ⑦	2,571	-	趋势
购后推荐	1,395	-	趋势
购中推荐	382	-	趋势
淘内待分类 ⑦	7,272	-	趋势
一淘 ⑦	6,218	-	趋势
● 站外广告 ⑦	3,873	-	趋势
淘宝客 ⑦	3,873	-	趋势
流量宝 ⑦		-	趋势

图 3-57　交易指数

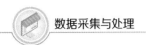

知识链接

一、竞争对手的分类

竞争对手按照竞争事实形成与否，可以分为行业竞争对手、目标市场竞争对手和潜在竞争对手 3 种。

1. 行业竞争对手

行业竞争对手可以分为行业内竞争对手和行业外竞争对手两种。行业内竞争对手是与本企业处于同一个行业，且实力相当、市场规模相近的企业。行业外竞争对手是与本企业不属于同一个行业，但目标市场和所提供的服务与本企业相同或与本企业活动存在关联的企业。例如，A 企业和 B 企业都是农产品电子商务企业，二者属于同一个行业，互为竞争企业，C 企业属于农产品加工企业，虽与 A 企业和 B 企业属于不同行业，但由于 C 企业在满足人类需求方面与 A 企业、B 企业相同，因此 C 企业也是 A 企业、B 企业的竞争对手，属于行业外竞争对手。

2. 目标市场竞争对手

目标市场竞争对手是在同一个目标市场内从事相同或相似业务的企业，它们之间必定会在原料市场、客户资源、目标地位等方面展开竞争。例如，可口可乐公司的目标市场竞争对手是销售牛奶、咖啡、茶等的电子商务企业。电子商务企业一定不要忽视目标市场竞争对手。

3. 潜在竞争对手

潜在竞争对手也是企业不容忽视的竞争对手。潜在竞争对手主要分为以下几种：不在本行业内但可以随意克服壁垒进入本行业的企业；进入本行业可以产生明显协同效应的企业；战略延伸必将进入本行业竞争的企业；可能向前整合或向后整合的上、下游企业；未来可能发生兼并或收购的企业。

二、竞争对手识别的方法

1. 通过关键词识别竞争对手

店铺根据自身所在的电子商务平台，搜索经营类别相似的卖家作为竞争对手，更具体的还可以根据产品属性进一步精确识别竞争对手。例如，在淘宝的搜索框中先输入"北京特产"，搜索后可以搜索到大量的竞争对手；再选择类别为"稻香村糕点"，口味为"综合口味"，可以进一步识别竞争对手，如图 3-58 所示。

2. 通过目标人群识别竞争对手

通过目标人群也能够有效识别竞争对手，不同年龄段的人群处于不同的竞争体系，可以通过设定适用年龄段来进行识别。

3. 通过销量及价格识别竞争对手

以销量和价格为维度通过搜索先找出相关卖家，然后找出店铺产品所在的排名，圈定销量或价格最接近的店铺作为竞争对手，如图 3-59 所示。

图 3-58 通过关键词识别竞争对手

图 3-59 通过销量及价格识别竞争对手

4. 通过推广活动识别竞争对手

根据店铺自身参与的平台线上活动或开展的促销活动，圈定参与同类推广活动且销售产品类别相近的卖家作为竞争对手。

项目四　运营数据采集

知识目标

（1）熟悉运营数据的常见类型。

（2）了解客户数据、推广数据、销售数据、供应链数据采集的思路。

（3）熟悉常见的运营数据指标及运营数据采集渠道。

技能目标

（1）能够掌握各类运营数据采集的操作步骤。

（2）能够根据任务情景选择所需采集的运营数据指标。

（3）能够熟练完成客户数据、推广数据、销售数据、供应链数据的采集。

任务分解

本项目包含了5个任务，具体如下。

任务一　运营数据认知；

任务二　客户数据采集；

任务三　推广数据采集；

任务四　销售数据采集；

任务五　供应链数据采集。

本项目将重点介绍运营数据认知、客户数据采集、推广数据采集、销售数据采集及供应链数据采集等内容。通过本项目的学习，学生可以掌握运营数据采集的必备知识与技能，并能够完成具体的运营数据采集工作。

任务情境

对运营数据进行有效分析，可以为运营者制定运营决策、调整策略提供重要依据。

而对运营数据进行有效分析是建立在对运营数据准确、合理地采集的基础上的。作为数据分析人员，小王的核心工作内容就是对店铺的日常运营数据进行采集。

任务一 运营数据认知

任务分析

运营数据采集是将散乱在各个部门、平台上的与运营相关的数据，根据需要整理成表格。运营数据采集工作内容繁杂，涉及指标庞大。按照数据类型划分，运营数据大致可以分为客户数据、推广数据、销售数据和供应链数据。

任务实施

一、客户数据

客户是店铺产品的受众。分析客户数据有助于运营者更加清晰地了解店铺中客户的现状，以及店铺未来推广及运营调整的方向。

通常，客户数据可以分为客户行为数据和客户画像数据两种。

1. 客户行为数据

客户行为数据通常包含客户在店铺中浏览、购买、评价产品过程中产生的轨迹数据。例如，若客户进入店铺后浏览了某个产品，则该产品的名称、客户停留时间都属于客户行为数据；若客户购买了某个产品，则该产品的名称、购买数量、购买次数、购买时间、支付金额、用户使用后的评价等同样属于客户行为数据。

2. 客户画像数据

客户画像数据是能够反映客户具体特征的数据，包括客户的性别、年龄、地址等客户个人信息，以及品牌偏好、购物时间偏好、位置偏好、产品评价偏好等个性化数据。

对淘宝卖家而言，可供采集的客户数据指标及渠道有多种，通常在店铺后台的交易管理、用户运营，以及生意参谋的流量、实时等模块中均有呈现。

二、推广数据

对淘宝店铺而言，推广渠道及推广方式多种多样，但对于每一个店铺，并不是使用所有推广渠道都能够盈利。因此，在数据采集过程中，通过采集不同渠道的推广数据进行对比分析，可以了解店铺更加适合哪种推广渠道，并确定调整的方向。

三、销售数据

在进行销售数据分析时，通常可能需要分析整店及每个产品的订单量、销售额、成交数量等交易数据，还可能需要分析客服人员的响应时长、咨询人数、咨询转化率等服

务数据。

销售数据的采集并非孤立的，通常与店铺流量、客户行为等数据相互关联。因此，在销售数据采集过程中，应当根据需求的不同，选择合适的渠道，有时甚至需要对几个渠道的数据进行整合。例如，要分析不同类型客户对店铺盈利的贡献占比，虽看似属于销售数据的采集，但其中包含了客户数据、供应链数据等多种类型数据的采集。

四、供应链数据

供应链是指一系列组织、人员、活动、信息和资源，协同合作，将产品或服务经过原材料采购、生产加工、最终交付给客户的整个过程。供应链管理的经营理念是从客户的角度出发，通过企业之间的协作，实现参与者最大盈利。

通过对供应链数据进行分析和管理，可以大大增强企业开展业务的能力，提高客户服务的满意度，降低运营成本，并能够增加店铺的利润。

根据供应链所处的阶段，供应链数据可以分为采购数据、库存数据和物流数据 3 种。

采购数据通常包括产品的采购价格、供货周期、单次的供货量等。

库存数据通常包括入库量、出库量、损耗量、库存周转周期等。

物流数据通常包括发货时间、签收时间、配送量、异常量、快递公司等。

对淘宝卖家而言，采集供应链数据与采集客户数据、推广数据等方式略有不同。后者更多的是通过下载报表和在店铺后台或生意参谋后台进行数据摘录实现，而前者则通常需要部门之间的配合和对各类供应链软件、报表较为熟悉，甚至需要与相关人员进行沟通才能实现。例如，采购数据需要采集人员与供货商进行沟通获取，而仓储数据则需要对仓储管理软件和相关报表有所了解，通过整理相关报表获取。

知识链接

一、运营数据采集的三大要点

1. 全面性

运营数据只有充足，才具备分析的价值和意义。如果采集到的只有几条数据，那么数据分析将不具备普适性。

2. 多维性

数据存在的意义中很重要的一点是能满足分析的需求。在数据采集过程中灵活增加数据的多种属性和不同类型，可以满足不同的分析目标。例如，"查看产品详情"这一客户行为，通过采集客户浏览过的产品标题、价格、类别、ID 等多个属性，可以了解到客户看过哪些产品、什么类别的产品被查看得多、某个产品被查看了多少次等相关信息。

3. 高效性

高效性包含技术执行的高效性、团队内部成员协同的高效性，以及数据分析需求和目标实现的高效性。

二、店铺运营的重要数据

反映店铺运营情况的重要数据有很多，这里重点介绍点击率、收藏率、加购率、转化率。

1. 点击率

点击率是衡量产品引流能力的数据。其计算公式为：

$$点击率=点击量÷展现量×100\%$$

要想提升点击率，就需要增加点击量。产品的标题、价格、销量、主图等都能够影响点击量。

当某产品的标题中不包含有效关键词（不包含消费者会搜索的关键词）时，客户将无法通过关键词搜索到该产品，该产品将没有展示的机会，自然也就不会被点击。因此，标题设计得是否合理，直接影响着产品的点击量。客户搜索到产品后，就会看到产品的主图。此时，若主图的视觉效果优秀，卖点突出，则产品具有吸引力，就更有机会被点击。容易被点击的产品如图 4-1 所示。这几种产品因为在标题、销量、价格、主图上都表现得不错所以更容易被点击。

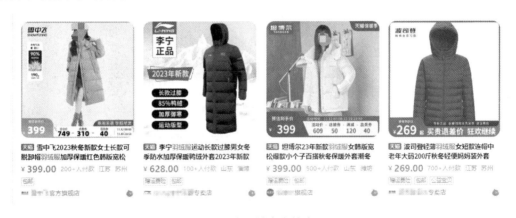

图 4-1　容易被点击的产品

总体来说，要提升点击率，就要想办法增加点击量，而要增加点击量，就需要做好产品的标题、价格、销量、主图等的优化。

2. 收藏率与加购率

收藏率是指收藏人数与访客数之比；加购率则是指加购人数与访客数之比。某产品的收藏率和加购率越高，说明该产品的目标客户越多，这部分目标客户成交的概率也就越大。在生意参谋的品类模块中，使用"商品 360"选项能够采集店铺各产品的点击率、收藏率和加购率等数据。

3. 转化率

提高转化率是增加销售额的有效途径。转化率的计算公式为：

$$转化率=支付人数÷访客数×100\%$$

例如，若访问店铺的目标客户有 30 人，最终下单支付的目标客户有 3 人，则转化率为 10%。从访问到支付的过程又被称为支付转化，支付转化率直接决定着店铺销售额的

大小。单击生意参谋首页的"整体看板"选项,可以查看指定时间内的店铺支付转化率。

任务二 客户数据采集

任务分析

只有研究客户,并了解客户的特点和需求,才能够根据客户的特点很好地将产品销售给客户,小王想通过采集店铺客户的特征、购买习惯等数据对客户进行深入了解,以迎合客户的形式开展营销活动。

任务实施

一、客户访问数据采集

因小王了解到店铺的访客数波动较大,故他考虑采集过去半年的访客数、浏览量、访客来源数据,对比数据波动情况。

步骤1:确定客户访问数据采集渠道。

淘宝店铺客户访问数的采集主要依托于生意参谋。在生意参谋的实时模块和流量模块中可以采集到客户访问数据。

其中,在实时模块的"实时总览"界面中可以采集客户当天的实时访客数、浏览量、支付金额、支付子订单数、支付买家数等客户访问数据,如图4-2所示。由于这些客户访问数据是实时变化的,因此这些客户访问数据对了解店铺当天运营状态有所帮助。但由于这些客户访问数据并不适用于历史数据分析,因此对这些实时访问数据进行采集的意义就相对较小。

图4-2 "实时总览"界面

而流量模块则提供了店铺的访客数、浏览量、支付金额等客户行为数据及访客所在地、停留时长、访问时间段等客户画像数据,且数据可按日、周、月的时间维度进行呈现。因此，对于客户行为数据、客户画像数据等的采集应通过流量模块实现。

小王了解了客户访问数据在生意参谋中的位置后，决定通过流量模块进行数据采集。

步骤 2：进入生意参谋的流量模块。

使用卖家账号登录生意参谋，在菜单栏中单击"流量"菜单，进入流量模块，如图 4-3 所示。

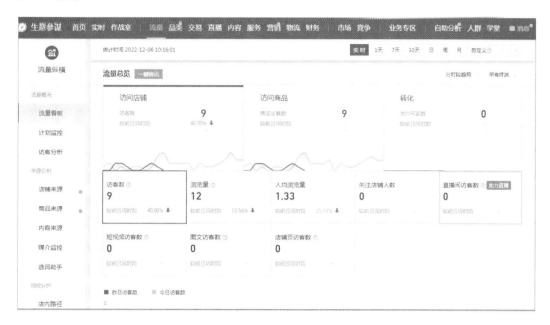

图 4-3　进入流量模块

步骤 3：单击左侧导航栏中的"流量看板"选项，在"流量总览"界面中设置数据采集时间，如图 4-4 所示。

图 4-4　设置数据采集时间

步骤 4：将各月份的访客数及浏览量分别填写到月度访问情况数据采集表中，如图 4-5 所示。

月度访客情况数据采集表		
月份	访客数	浏览量
1	56	265
2	109	2656
3	89	645
4	169	1513
5	76	354
6	139	598
7	118	1654
8	218	2657
9	196	1654
10	91	498
11	121	1584
12	116	1359

图 4-5　月度访客情况数据采集表

步骤 5：根据不同月份，在“流量来源排行 TOP10”界面中分别查看无线端和 PC 端每月流量来源 TOP10 的相关数据。无线端每月流量来源 TOP10 的相关数据如图 4-6 所示。

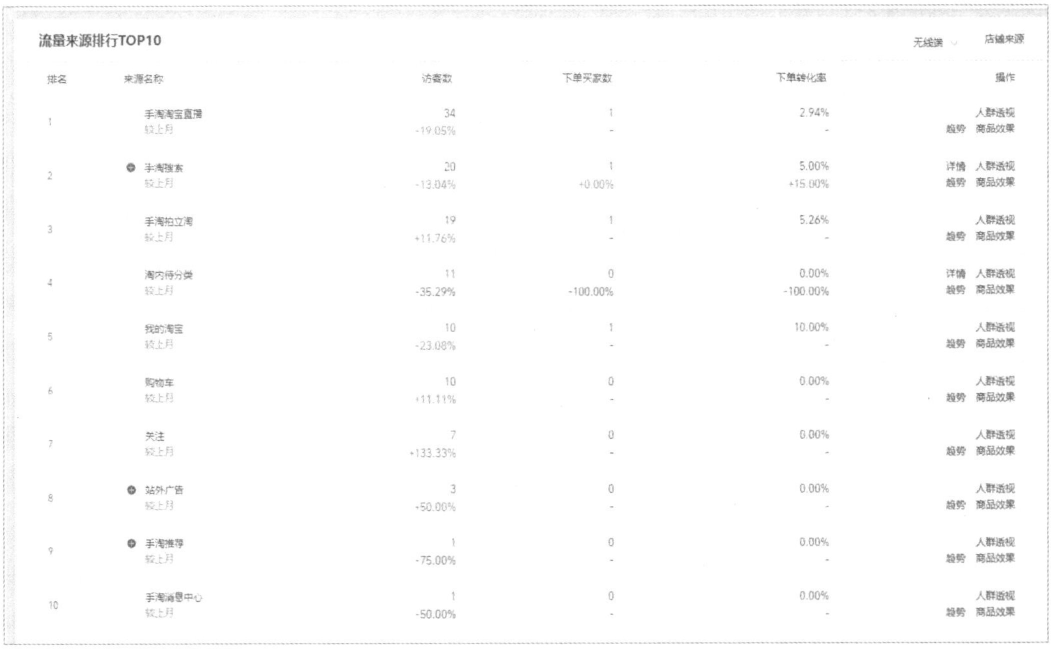

流量来源排行TOP10　　无线端　店铺来源

排名	来源名称	访客数	下单买家数	下单转化率	操作
1	手淘淘宝直播 较上月	34 -19.05%	1 -	2.94% -	人群透视 趋势　商品效果
2	手淘搜索 较上月	20 -13.04%	1 +0.00%	5.00% +15.00%	详情　人群透视 趋势　商品效果
3	手淘拍立淘 较上月	19 +11.76%	1 -	5.26% -	人群透视 趋势　商品效果
4	淘内待分类 较上月	11 -35.29%	0 -100.00%	0.00% -100.00%	详情　人群透视 趋势　商品效果
5	我的淘宝 较上月	10 -23.08%	1 -	10.00% -	人群透视 趋势　商品效果
6	购物车 较上月	10 +11.11%	0 -	0.00% -	人群透视 趋势　商品效果
7	关注 较上月	7 +133.33%	0 -	0.00% -	人群透视 趋势　商品效果
8	站外广告 较上月	3 +50.00%	0 -	0.00% -	人群透视 趋势　商品效果
9	手淘推荐 较上月	1 -75.00%	0 -	0.00% -	人群透视 趋势　商品效果
10	手淘消息中心 较上月	1 -50.00%	0 -	0.00% -	人群透视 趋势　商品效果

图 4-6　无线端每月流量来源 TOP10 的相关数据

二、客户画像数据采集

了解客户画像数据可以帮助卖家确定客户是否精准，并为卖家在新品选择和营销策略制定方面提供帮助。客户画像数据采集可以通过在生意参谋的菜单栏中单击“客户”菜单，进入客户模块，单击左侧导航栏中的“粉丝分析”选项实现，如图 4-7 所示。

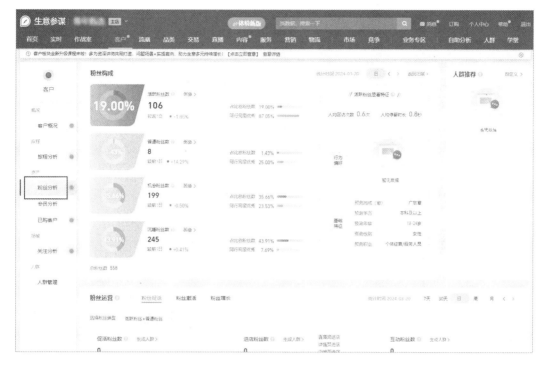

图 4-7 单击"粉丝分析"选项

此外，还可以通过在生意参谋的菜单栏中单击"流量"菜单，进入流量模块，单击左侧导航栏中的"访客分析"选项实现，如图 4-8 所示。在流量模块中可以采集近 30 天的店铺访问的客户画像数据。

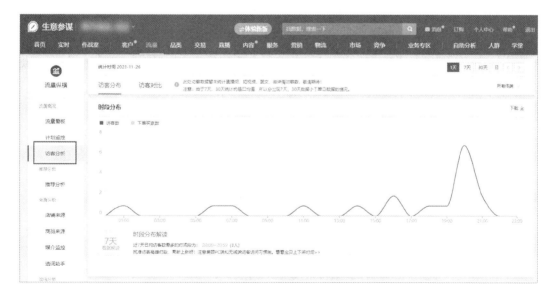

图 4-8 单击"访客分析"选项

步骤1：确定客户画像数据采集渠道。

虽然在店铺后台和生意参谋中都可以采集到客户画像数据，但是小王通过观察发现，在店铺后台仅可以采集前30天的整体数据，而在生意参谋后台则可以查看近30天每天的数据，这样更方便观察不同日期的客户画像数据变化。因此，小王选择使用生意参谋进行数据采集。

步骤2：确定数据指标及制作数据采集表。

通过对平台提供的数据指标的观察，小王确定对消费层级、性别、新老访客占比这几项数据进行采集。确定完需要采集的数据指标后，就可以制作相应的数据采集表了。客户特征数据采集表如图4-9所示。

客户特征数据采集表

	日期	1	2	3	4	5	6	7	8	9	10	11	12	13	14	15	16	17	18	19	20	21	22	……
消费层级（元）	0~40																							
	41~140																							
	141~480																							
	481~1840																							
	1841~5045																							
	5045以上																							
性别	男																							
	女																							
	未知																							
新老访客占比	新访客																							
	老访客																							

图4-9　客户特征数据采集表

步骤3：将数据填入数据采集表。

在生意参谋的菜单栏中单击"流量"菜单，进入流量模块，单击左侧导航栏中的"访客分析"选项，根据时间维度及具体的采集时间选择相应的时间节点查看数据，并将数据填入数据采集表。访客分析数据采集情况如图4-10所示。

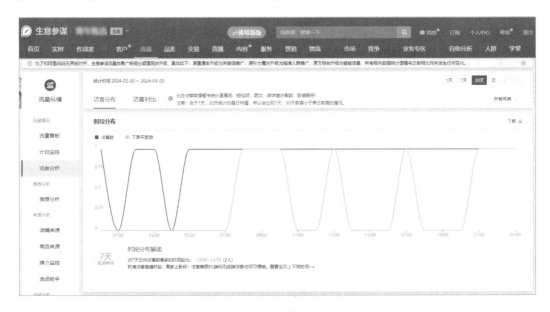

图4-10　访客分析数据采集情况

特征分布

淘气值分布⑦

淘气值	访客数	占比	下单转化率
601-800	3	27.27%	33.33%
401-500	2	18.18%	50.00%
501-600	2	18.18%	50.00%
1000+	2	18.18%	50.00%
400及以下	1	9.09%	0.00%
801-1000	1	9.09%	0.00%

消费层级

消费层级(元)⑦	访客数	占比	下单转化率
0-30.0	3	37.50%	33.33%
30.0-65.0	1	12.50%	0.00%
65.0-125.0	1	12.50%	100.00%
125.0-240...	1	12.50%	0.00%
240.0-385...	1	12.50%	100.00%
385.00以上	1	12.50%	100.00%

性别⑦

性别		占比	下单转化率
男	2	25.00%	50.00%
女	5	62.50%	20.00%
未知	1	12.50%	0.00%

店铺新老访客⑦

■ 新访客	访客类型	访客数	占比	下单转化率
▨ 老访客	新访客	6	75.00%	16.67%
	老访客	2	25.00%	50.00%

行为分布

来源关键词TOP5⑦

关键词		占比	下单转化率
千乐咖啡	1	20.00%	100.00%
埃塞俄比亚咖	1	20.00%	0.00%
曼小萌猫混装	1	20.00%	0.00%
千乐美式咖	1	20.00%	0.00%
千乐意式咖	1	20.00%	0.00%

浏览量分布⑦

浏览量	访客数	占比
1	4	40.00%
2-3	3	30.00%
4-5	1	10.00%
6-10	1	10.00%
10以上	1	10.00%

图 4-10　访客分析数据采集情况（续）

三、客户交易数据采集

步骤 1：确定客户交易数据采集渠道。

淘宝店铺的客户交易数据可以通过生意参谋的交易模块进行采集，但其中的数据仅包含访客数、下单买家数、下单金额等交易数据，并不包含客户信息，且其中的数据并不支持下载。因此，对需要采集详细的客户交易数据的小王而言，选择通过在店铺后台下载订单报表的方式进行采集更为合适。

步骤 2：使用卖家账号登录淘宝，单击"千牛卖家中心"按钮，如图 4-11 所示。

图 4-11　单击"千牛卖家中心"按钮

步骤 3：在淘宝店铺后台单击"订单管理"列表中的"已卖出的宝贝"选项，进入"已卖出的宝贝"界面，如图 4-12 所示。

步骤 4：在"已卖出的宝贝"界面中根据需要设置起止时间，单击"批量导出"按钮，在弹出的提示对话框中单击"生成报表"按钮，如图 4-13～图 4-15 所示。

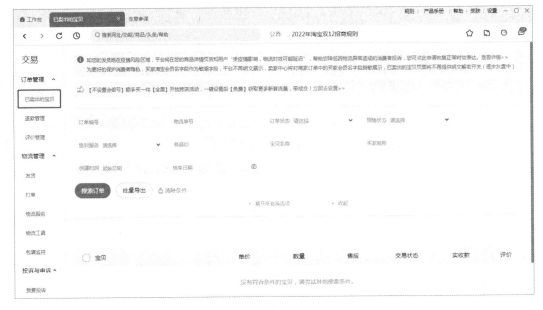

图 4-12 进入"已卖出的宝贝"界面

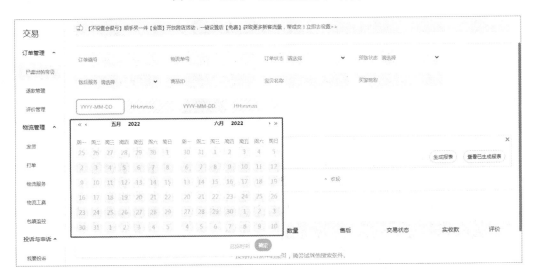

图 4-13 设置起止时间

图 4-14 单击"批量导出"按钮

图 4-15　单击"生成报表"按钮

步骤 5：进入生成报表界面，等待报表生成。单击"下载订单报表"按钮即可保存报表，如图 4-16 所示。

报表下载完成如图 4-17 所示。

步骤 6：检查下载的报表中的数据是否存在缺失、错乱等现象。

图 4-16　单击"下载订单报表"按钮

图 4-17　报表下载完成

知识链接

一、目标客户画像数据采集认知

对卖家而言，除了需要了解店铺客户数据，还需要对行业目标客户画像数据有所了解，以便拓展新客。作为淘宝卖家，可以单击生意参谋的品类模块中的"品类360"选项，在打开的界面中查看所属品类的客户画像数据，包括搜索人群画像、店铺访问人群画像、店铺支付人群画像，涵盖的数据指标包括新老客户、年龄、性别、偏好等。

而对卖家而言，要想采集目标客户画像数据，还可以通过百度指数、360趋势、Google趋势等指数工具实现。图4-18、图4-19所示分别为通过百度指数和360趋势采集的目标客户画像数据。

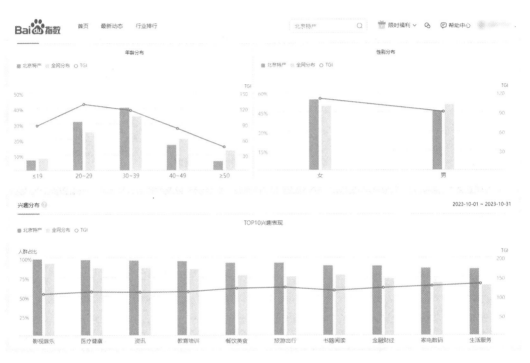

图4-18　通过百度指数采集的目标客户画像数据

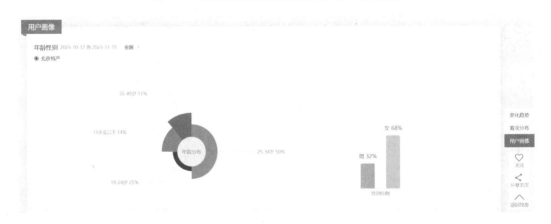

图4-19　通过360趋势采集的目标客户画像数据

采集人员可以选择与行业相关的关键词，在指数工具中通过搜索获取相关关键词的目标客户画像数据。由于指数工具普遍都不提供数据下载功能，因此需要采集人员自行制作数据采集表。

二、客户数据指标

客户数据采集一般围绕以下 6 个客户数据指标进行。

1. 有价值的客户数

客户包括潜在客户、忠诚客户和流失客户。对店铺来说，忠诚客户是最有价值的客户，因为他们会不定期地来店铺购买产品，且不会出现长时间不购买店铺产品的现象。一般来说，可将在 1 年内购买本店铺产品不低于 3 次的客户视为有价值的客户。有价值的客户数是客户数据分析的重点。对于那些浏览了店铺产品却没有购买的客户来说，因其给店铺带来的价值相对较小，故其数据对客户数据分析的重要性也就相对较小。

2. 活跃客户数

活跃客户是与流失客户相对的一个概念，是指那些会时不时地光顾店铺，并为店铺带来一定价值的客户。客户的活跃度对店铺来说是非常重要的，客户的活跃度下降意味着客户的离开或流失。而活跃客户数是指在一定时期（30 天、60 天等）内，有消费或登录行为的客户总数。

3. 客户活跃率

通过活跃客户数，可以了解整体客户活跃率，一般随着时间的增长，客户活跃率会出现逐渐下降的现象。如果经过一个长生命周期（如 3 个月、半年等），客户活跃率还能稳定保持在 5%～10% 范围内，那么这便是客户非常活跃的表现。客户活跃率的计算公式为：

$$客户活跃率 = 活跃客户数 \div 客户总数 \times 100\%$$

4. 客户留存率

客户留存率是指某段时间内回访客户数占新增客户数的百分比，其中的时间周期可以是天、周、月、季、年等。店铺通过分析客户留存率，可以了解服务是否能够留住客户的相关数据。客户留存率的计算公式为：

$$客户留存率 = 回访客户数 \div 新增客户数 \times 100\%$$

客户留存率反映的是一种转化率，即由初期的不稳定客户转化为活跃客户、稳定客户、忠诚客户的过程。随着客户留存率统计过程的不断延展，能够看到不同时期客户的变化情况。

5. 平均购买次数

平均购买次数是指在某一时期内平均每个客户购买的次数。平均购买次数的计算公式为：

$$平均购买次数 = 订单总数 \div 购买客户总数$$

6. 客户流失率

流失客户是指那些曾经访问过店铺，但因对店铺逐渐失去兴趣而远离店铺，进而彻底脱离店铺的客户。客户流失率是客户流失的定量表述，是判断客户流失的主要指标，直接反映了店铺经营与管理的现状。客户流失率的计算公式为：

客户流失率=一段时间内没有消费的客户数÷客户总数×100%

任务三 推广数据采集

任务分析

通过对客户数据的采集，小王了解了目前店铺流量、客户画像及客户交易状况，紧接着小王将准备研究店铺流量的构成及效果。首先通过采集店铺的各流量数据，了解店铺整体的流量推广均衡状况；其次分别采集主要淘内免费推广渠道及付费推广渠道的数据，了解各渠道的推广状况。

任务实施

一、流量数据采集

步骤1：流量数据采集渠道。

对于淘宝店铺，单击生意参谋的流量模块的"店铺来源"选项可以查看店铺淘内免费、自主访问、付费流量、淘外网站等类型近3个月的相关数据。

步骤2：进入生意参谋的流量模块，单击左侧导航栏中的"店铺来源"选项。

步骤3：设置数据采集时间，并设置数据采集平台，如图4-20和图4-21所示。

图4-20 设置数据采集时间　　　　图4-21 设置数据采集平台

步骤4：在"流量来源构成"界面中选择数据指标，如图4-22所示。这里可以采集到店铺各流量来源的访客数、下单买家数、下单转化率等，对分析店铺流量来源而言，勾选"访客数"复选框即可。

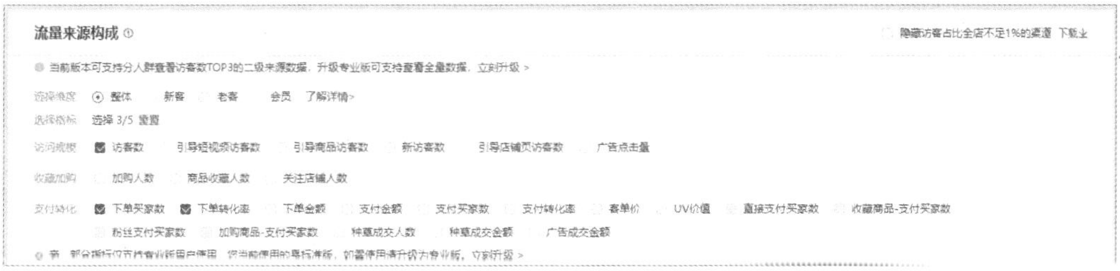

图 4-22　选择数据指标

步骤 5：单击右上方的“下载”按钮，保存报表，下载完成后检查报表中的数据是否存在缺失、错乱等现象。图 4-23 所示为下载完成的报表。

数据说明：以下数据为您所选时间周期的相关指标，如需查看其他时间周期的数据，请重新选择后下载

收藏网址：d.alibaba.com，让数据帮您生意参谋！点此进入>>

一级来源	二级来源	三级来源	访客数	访客数环比	下单金额	下单金额变化	下单买家数	下单买家数变化	下单转化率	下单转化率变化	支付金额	支付金额变化
平台流量	汇总	汇总	1,117	74.26%	1,458.70	85.23%	51	64.52%	4.57%	-5.59%	1,090.30	60.03%
平台流量	手淘淘宝直播	手淘淘宝直播	696	120.95%	1,174.10	274.16%	44	120.00%	6.32%	-0.43%	815.60	187.18%
平台流量	手淘搜索	汇总	403	44.44%	227.00	-30.05%	7	16.67%	1.74%	-19.23%	227.00	-21.15%
平台流量	手淘搜索	手淘搜索-商品及其	403	44.44%	227.00	-30.05%	7	16.67%	1.74%	-19.23%	227.00	-21.15%
平台流量	我的淘宝	我的淘宝	78	136.36%	9.90	-88.96%	1	-66.67%	1.28%	-85.90%	0.00	-100.00%
平台流量	手淘推荐	汇总	75	102.70%	29.90	-	1	-	1.33%	-	0.00	-
平台流量	手淘推荐	首页推荐-微详情	59	90.32%	29.90	-	1	-	1.69%	-	0.00	-
平台流量	手淘推荐	其他猜你喜欢	18	260.00%	0.00	-	0	-	0.00%	-	0.00	-
平台流量	手淘推荐	购后推荐	1	0.00%	0.00	-	0	-	0.00%	-	0.00	-
平台流量	手淘推荐	首页推荐-直播	1	-	0.00	-	0	-	0.00%	-	0.00	-
平台流量	手淘拍立淘	手淘拍立淘	66	53.49%	17.80	-77.67%	1	-50.00%	1.52%	-67.42%	17.80	-64.26%
平台流量	淘内待分类	淘内待分类	60	50.00%	0.00	-	0	-	0.00%	-	0.00	-
平台流量	手淘旺信	手淘旺信	23	91.67%	29.90	-	1	-	4.35%	-	29.90	-
平台流量	淘口令分享	淘口令分享	17	325.00%	0.00	-100.00%	0	-100.00%	0.00%	-100.00%	0.00	-100.00%
平台流量	购物车	购物车	12	20.00%	99.60	-20.38%	1	-50.00%	8.33%	-58.33%	99.60	-13.54%
平台流量	手机浏览器访问淘宝	手机浏览器访问淘宝	10	900.00%	0.00	-	0	-	0.00%	-	0.00	-
平台流量	关注	关注	9	50.00%	0.00	-	0	-	0.00%	-	0.00	-
平台流量	淘外网站	淘外网站	9	800.00%	0.00	-100.00%	0	-100.00%	0.00%	-100.00%	0.00	-
平台流量	逛逛	逛逛	2	-	0.00	-	0	-	0.00%	-	0.00	-
平台流量	手淘其他店铺	汇总	2	100.00%	0.00	-	0	-	0.00%	-	0.00	-
平台流量	手淘其他店铺	店铺超链	2	100.00%	0.00	-	0	-	0.00%	-	0.00	-
平台流量	淘宝好价	淘宝好价	2	-	0.00	-	0	-	0.00%	-	0.00	-
平台流量	直接访问	直接访问	1	0.00%	0.00	-	0	-	0.00%	-	0.00	-
平台流量	一淘	一淘	1	-	19.90	-	1	-	100.00%	-	19.90	-
平台流量	手淘消息中心	手淘消息中心	1	-	0.00	-	0	-	0.00%	-	0.00	-
广告流量	汇总	汇总	22	1000.00%	99.60	-	1	-	4.55%	-	99.60	-
广告流量	站外广告	汇总	19	850.00%	99.60	-	1	-	5.26%	-	99.60	-
广告流量	站外广告	淘宝客	18	800.00%	99.60	-	1	-	5.56%	-	99.60	-
广告流量	站外广告	流量宝	1	-	0.00	-	0	-	0.00%	-	0.00	-
广告流量	内容广告	汇总	3	-	0.00	-	0	-	0.00%	-	0.00	-
广告流量	内容广告	超级直播	3	-	0.00	-	0	-	0.00%	-	0.00	-

图 4-23　下载完成的报表

步骤 6：根据实施前几个步骤下载的报表，制作数据采集表，并将下载得到的各报表中的数据填写到数据采集表中。

二、淘内免费推广数据采集

对大多数淘宝卖家来说，淘宝搜索流量是淘内免费流量的核心，免费推广数据采集的方法与流量数据采集的方法一样。

小王对之前下载的报表中的数据进行整理，针对手淘搜索和 PC 搜索两项数据指标制作了与之对应的数据采集表，并将与之对应的数据填写到数据采集表中，如图 4-24 所示。

数据采集表

来源	手淘搜索	PC搜索	汇总
第一周			
第二周			
第三周			
第四周			
第五周			
第六周			

图 4-24　数据采集表

三、付费推广数据采集

淘宝店铺常用的付费推广数据采集渠道有关键词推广、精准人群推广、产品推广、

消费者推广等，对于这些付费推广数据采集渠道的推广数据，各工具都提供了相应的报表供运营者下载使用。小王所在的店铺因主要采用关键词进行推广故决定采集关键词推广数据。

关键词推广系统有着完善的数据监控及呈现体系，通过关键词推广的报表可以获取包括展现、流量、销售、销售额等方面的数据指标，如展现量、点击量、花费、点击率、平均点击花费、总成交金额、总成交笔数、点击转化率、总购物车数、收藏宝贝数、收藏店铺数等。由于小王主要分析关键词推广的效果，因此他需要重点分析的数据指标为总销售额、总成交笔数、点击转化率、总购物车数、收藏宝贝数、收藏店铺数等。在通过关键词推广采集数据的过程中，根据需要下载报表即可，不需要再使用其他数据渠道。

下面开始采集关键词推广数据。

步骤 1：在生意参谋的营销模块中，单击"关键词推广"选项，如图 4-25 所示。进入"阿里妈妈•万相台"界面，如图 4-26 所示。

图 4-25　单击"关键词推广"选项

图 4-26　"阿里妈妈•万相台"界面

步骤2：在"阿里妈妈·万相台"界面中，单击"报表"菜单，进入报表界面，如图4-27所示。先单击报表界面左侧的"计划报表"选项再单击右侧的 ⊛ 图标，如图4-28所示。

图 4-27　报表界面

图 4-28　先单击"计划报表"选项再单击 ⊛ 图标

步骤3：选择数据字段，如图4-29所示。

图 4-29　选择数据字段

步骤 4：单击"下载报表"按钮，如图 4-30 所示。弹出"下载报表"对话框，填写报表信息，包括日期范围、时间粒度、数据指标、文件名称等，单击"确定"按钮，如图 4-31 所示。

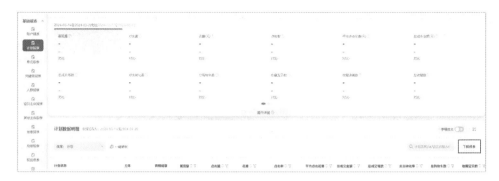

图 4-30　单击"下载报表"按钮

图 4-31　"下载报表"对话框

步骤 5：在"下载任务管理"界面中进行报表的下载，选择设定的文件名称，单击"下载"按钮，如图 4-32 所示。

图 4-32　"下载任务管理"界面

步骤 6：检查下载好的报表中的数据是否存在缺失、错乱等现象。

> **知识链接**

一、其他推广数据指标

随着内容营销的兴起，通过直播和短视频进行营销已经成为许多企业开拓市场的重要营销方式。为了分析内容营销的效果，还需要进行直播和短视频数据的采集和分析，为后期的内容营销计划提供数据支持。

1. 直播数据指标

现阶段，越来越多的企业加入直播带货的浪潮。因此，在进行直播数据的采集时就需要围绕"带货"展开，采集的数据涉及流量、产品、直播间、销售 4 个维度。直播数据指标如表 4-1 所示。

表 4-1　直播数据指标

采集维度	数据指标
流量	流量基础数据指标包括粉丝总数、新增粉丝数、评论人数、点赞人数、年龄分布、性别分布等。通过该类数据可以分析出直播间的粉丝转化能力、评论互动率、粉丝画像特征、直播质量等
	流量来源数据指标即粉丝是通过哪些引流渠道进入直播间的数据指标。常见的流量来源数据包括主播关注页、直播广场、社交媒体引流渠道（如微信、微博、知乎）、短视频预告推广、粉丝群、付费推广（如抖音的 DOU+）等
产品	产品数据指标包括产品点击人数、产品点击次数、产品展示次数、产品点击率等。通过该类数据，可以分析产品的受欢迎程度、产品的呈现/转化等效果
直播间	直播间数据指标包括直播次数、直播时长、直播间浏览次数、最高在线人数、平均观看时长等。通过该类数据，可以分析出直播的基础情况，如整体直播的次数、单场直播的人数峰值等
销售	销售数据指标包括引导成交人数、引导成交件数、引导销售额、引导成交转化率、正要购买人数、本场销量、客单价、销售转化率等。通过该类数据，可以分析出直播间产品的销售情况

2. 短视频数据指标

短视频数据指标如表 4-2 所示。

表 4-2　短视频数据指标

采集维度	数据指标
基础	（1）播放量：通常涉及累计播放量和同期对比播放量，通过播放量变化对比总结大播放量内容所蕴含的规律。 （2）评论量：反映短视频引发的共鸣程度。 （3）点赞量：反映短视频的受欢迎程度。 （4）转发量：反映短视频的传播量。 （5）收藏量：反映短视频的价值
关键比率	（1）评论率：评论率=评论量÷播放量×100%，反映短视频引发的共鸣程度。 （2）点赞率：点击率=点赞量÷播放量×100%，反映短视频的受欢迎程度。 （3）转发率：转发率=转发量÷播放量×100%，反映对短视频表达的观点和态度的认可程度。 （4）收藏率：收藏率=收藏量÷播放量×100%，反映对短视频价值的认可程度。 （5）完播率：完播率=完整播放次数÷总播放次数×100%，是统计短视频数据的重要指标

二、直播数据采集与报表制作

通过直播后台或第三方平台采集到直播数据后，需要制作报表，在报表中需要列清楚采集维度、数据指标及对应的指标数据，必要时可添加备注，对数据进行说明。图4-33所示为某农产品直播数据复盘表。除了可以对报表中的数据进行分析，还可以直接对直播后台或第三方数据分析平台呈现的数据进行分析，得出结论。

采集维度	数据指标	指标数据	备注
主播	引导分享次数	×××	
	引导订阅次数	×××	
	引导加微次数	×××	
	相互打断次数	×××	
吸粉	新进福利群人数	×××	
	新添加微信人数	×××	
	新订阅主播人数	×××	
销售	进店人数	×××	
	下单人数	×××	
	成交单数	×××	
	新客数	×××	
	退货人数	×××	
	加购未成交人数	×××	
	总金额	×××	

图 4-33　某农产品直播数据复盘表

任务四　销售数据采集

任务分析

推广的目标是销售，销售数据是店铺管理者、运营者均十分关心的数据。在一般情况下，店铺管理者、运营者每天都要询问店铺今天的订单量是多少，销售额是多少，卖出去多少产品，转化率如何……为了有效地回答这些问题，小王需要熟悉店铺销售数据的获取渠道及数据采集方法。

任务实施

一、交易数据采集

步骤1：确定采集渠道及指标。

淘宝店铺的交易数据主要集中在生意参谋的交易模块。交易模块中通常包含了交易总览、交易趋势、交易构成及交易明细等内容。交易指标主要有支付金额、支付金额占比、支付买家数、支付转化率等。

步骤2：进行交易数据采集。

交易数据采集主要从交易趋势数据采集、交易构成数据采集及交易明细数据采集3

个方面进行。

步骤 2.1：交易趋势数据采集。

打开生意参谋的交易模块，单击左侧导航栏中的"交易概况"选项，进入"交易概况"界面，如图 4-34 所示。

图 4-34　进入"交易概况"界面

设置日期并选择指标，如图 4-35 所示。

日期 ∨	2022-11-06~2022-12-05	指标 ∧

选择终端
统计终端：
☑ 所有终端　　□ PC端　　□ 无线端

选择指标
支付相关：
☑ 支付金额　　□ 支付买家数　　□ 客单价
下单相关：
□ 下单金额　　□ 下单买家数
转化相关：
□ 支付转化率　　□ 下单支付转化率

已选择1项　　　　　　　　　　　　确定

图 4-35　设置日期并选择指标

单击"下载"按钮，下载所选时间段及指标的报表，如图 4-36 所示。

图 4-36　下载报表

检查报表是否存在数据缺失、错乱等现象。

步骤 2.2：交易构成数据采集。

"交易构成"界面中显示了终端构成、类目构成、品牌构成、价格带构成、资金回流构成等数据指标。图 4-37 和图 4-38 所示分别为某店铺交易类目构成的数据和交易终端构成的数据。其中，按日最多可提供近 3 个月的数据，按周最多可提供近 6 个月的数据，按月最多可提供近 1 年的数据，小王根据自己的需要按月对数据进行了下载和整理。

图 4-37　交易类目构成的数据

图 4-38　交易终端构成的数据

步骤 2.3：交易明细数据采集。

"交易明细"界面中显示了订单编号、订单创建时间、支付时间、支付金额、确认收货金额、商品成本、运费成本等数据指标，其中商品成本和运费成本需要提前进行相关配置。"交易明细"界面如图 4-39 所示。"交易明细"界面中的数据按日提供，若要采集长时间的数据则需要制作数据采集表。小王准备在店铺后台下载订单数据，从工作效率的角度出发，他放弃了采集交易明细数据。

图 4-39　"交易明细"界面

二、订单数据采集

步骤 1：确定采集渠道。

淘宝店铺后台的交易管理模块涵盖了订单处理、物流管理，售后服务等多个关键环节。在这里可以查看店铺自开业以来的所有订单数据。由于这个模块中的数据允许被下载，因此要采集订单数据可直接下载对应的报表。

步骤 2：制作数据采集表。

交易管理模块中提供了与店铺交易相关的多项数据指标，但并非所有数据指标都是数据分析所需要的。由于小王决定分析店铺及各产品的交易变化趋势，因此他确定了数据指标为订单编号、订单创建时间、产品名称、产品属性、买家实际支付金额、销量。

确定了数据指标及数据采集渠道后，小王根据之前确定好的数据指标及前面采集客户数据的经验制作了一张产品销售数据采集表，如图 4-40 所示。

产品销售数据采集表

订单编号	订单创建时间	产品名称	产品属性	买家实际支付金额	销量

图 4-40　产品销售数据采集表

步骤 3：单击"订单管理"列表中的"已卖出的宝贝"选项，进入"已卖出的宝贝"界面，如图 4-41 所示。

图 4-41　进入"已卖出的宝贝"界面

步骤 4：在"已卖出的宝贝"界面中根据需要设置起止时间，单击"批量导出"按钮，在弹出的提示对话框中单击"生成报表"按钮，如图 4-42～图 4-44 所示。

图 4-42　设置起止时间

图 4-43　单击"批量导出"按钮

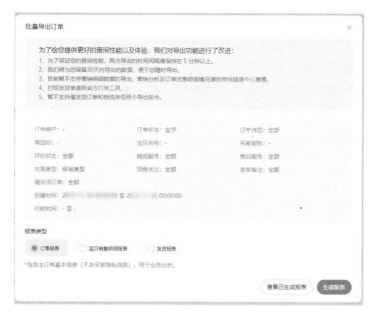

图 4-44 单击"生成报表"按钮

步骤 5：进入生成报表界面，等待报表生成。单击"下载订单报表"按钮即可保存报表，如图 4-45 所示。

图 4-45 单击"下载订单报表"按钮

步骤 6：打开订单报表，将所需的数据复制到数据采集表中即可完成数据采集。

三、服务数据采集

服务数据主要围绕客服岗位展开。其中，响应时长可以通过平台使用的在线咨询工具进行采集，而接待人数和询单转化率等则可以通过客服每日、每周工作报表进行采集。

北京特产专营店内现有 3 名客服，运营主管老刘为了提高整个客服团队的业绩，决定让小王对客服的询单转化率进行采集并将采集的数据作为客服 KPI 考核的重点。

步骤1：查询服务数据。

根据产品销售平台，确定数据来源。若在淘宝进行销售，则单击千牛卖家中心的工作台左侧导航栏中的"客服"选项，即可在"客服"界面中查询接待人数、询单转化率等数据。如果店铺购买如赤兔名品等类似客服软件，则可同时了解不同客服的询单及转化情况。工作台的"客服"界面如图4-46所示。

图4-46　工作台的"客服"界面

步骤2：确定数据指标。

小王需要对咨询率、询单转化率、访问深度3项关键数据进行采集，除此之外，还应对浏览量等数据进行采集。

步骤3：制作数据采集表。

根据步骤2确定的数据指标，制作数据采集表，如表4-3所示。

表4-3　数据采集表

日期	浏览量	访客数	访问深度	咨询率	询单转化率
今日	2399	610	2.34	36.22%	16.06%
昨日	1999	553	1.89	29.13%	13.33%
上周同期	2039	400	1.62	25.75%	12.89%
一周日均值	2142	571	1.75	29.56%	13.78%

知识链接

一、常用的店铺销售数据表

店铺销售数据采集是指通过淘宝店铺后台的交易管理模块及生意参谋的交易模块进行相应数据的采集。在店铺日常运营过程中通常会制作和填写店铺日、周、月数据登记表，店铺周业绩统计表及客服 KPI 考核表等，如图 4-47～图 4-49 所示。

店铺日、周、月数据登记表				第一周							第二周							第三周							第四周						
年度目标			月合计数/平均数	本周目标 实际完成 完成率							周合计数/平均数	本周目标 实际完成 完成率							周合计数/平均数	本周目标 实际完成 完成率							周合计数/平均数	本周目标 实际完成 完成率						周合计数/平均数
季度目标																																
月度目标																																
月度完成率																																
预定目标		负责人	1 2 3 4 5 6 7								1 2 3 4 5 6 7								1 2 3 4 5 6 7								1 2 3 4 5 6 7						
销售指标	销售额	运营																															
	完成率																																
	销售笔数																																
	销售件数																																

图 4-47 店铺日、周、月数据登记表

店铺周业绩统计表										
序号	店铺名称	数据指标	合计	星期一	星期二	星期三	星期四	星期五	星期六	星期日
1	店铺XXX	日期								
		气温								
		天气								
		成本平摊								
		销售目标								
		吊牌销售								
		实际销售								
		折扣率								
		促销活动								
		日达成率								
		月累计								
		月达成率								
		店铺面积								
		进店人数								
		试穿人数								
		试穿率								
		购买人数								

图 4-48 店铺周业绩统计表

	A	B	C
咨询转化率			
支付率			
落实客单价（元）			
首次响应时长（秒）			
平均响应时间（秒）			
退货率			
权重得分（分）			

图 4-49 客服 KPI 考核表

虽然店铺销售数据表的形式多种多样，但对采集人员而言，使用店铺销售数据表是一种有效的数据采集途径。采集人员可以根据需要制作数据采集表，直接将店铺销售数

据表中的数据摘录到其中，从而完成数据采集工作。

二、店铺销售数据指标

1. 交易数据指标

交易数据包含多个指标，了解交易数据指标有利于准确地采集销售数据，了解店铺的经营状况。表 4-4 所示为常见的交易数据指标。

表 4-4　常见的交易数据指标

指标类型	指标	含义	备注
销售类	销量	一定时间内实际销售出去的产品数量	
	销售额	一定时间内所有成交数量对应的金额	
	毛利	销售额与成本的差值	毛利=销售额-成本
	毛利率	毛利与销售额的百分比	毛利率=毛利÷销售额×100%
	利润	全部销售业务中实现的利润	利润=访客数×转化率×客单价×毛利率-成本
	利率	利润与销售额的百分比	利率=利润÷销售额×100%
转化率类	有效入店率	有效入店人数与访客数的百分比	有效入店率=有效入店人数÷访客数×100%
	静默转化率	访问店铺后，没有咨询客服而主动下单购买的人数与访客数的百分比	静默转化率=没有咨询客服而主动下单的人数÷访客数×100%
	下单转化率	确认下单的客户数与访客数的百分比	下单转化率=确认下单的客户数÷访客数×100%
	成交转化率	所有访问过店铺并产生购买行为的客户数与访客数的百分比	成交转化率=所有访问过店铺并产生购买行为的客户数÷访客数×100%
订单类	订单数量	客户向企业采购产品、物资或服务的订单总量	
	订单金额	客户向企业发起采购订单后需要支付的总金额	
	订单转化率	把访问网站的客户转化为网站的常驻客户，进而转化为网站的消费客户，由此产生订单转化率	订单转化率=有效订单数÷访客数×100%
	成交客户数	一定时间内某项交易成交的客户总数	
	客单价	一定时间内每个客户平均购买产品的金额	客单价=销售额÷成交客户数
	退货率	退货数与同期售出的产品总数的百分比	退货率=退货数÷同期售出的产品总数×100%

2. 服务数据指标

表 4-5 所示为常见的服务数据指标。

表 4-5　常见的服务数据指标

指标类型	指标	含义	备注
服务评价类	DSR（Detail Seller Rating，卖家服务评级）	动态评分系统，包括 3 个评分维度，分别是宝贝描述相符度、卖家服务和物流服务，满分为 5 分，平台会给出店铺各项得分和其与同行业平均分数的对比数据	
客户服务类	询单转化率	咨询成交人数与咨询总人数的百分比。 询单转化率能直接反映一个客服的工作质量。在同等条件下，询单转化率越高，对店铺的贡献越大	询单转化率=咨询成交人数÷咨询总人数×100%
	订单支付率	支付成交总笔数与下单总笔数的百分比。 订单支付率能直接影响店铺的利润，同时在一定程度上也会影响店铺的排名。订单支付率是衡量店铺利润的指标之一，同时又和客服 KPI 考核息息相关	订单支付率=支付成交总笔数÷下单总比数×100%
	客服客单价	经过客服服务后，客户支付的总金额与这些客户数量的比值。客服客单价是客服管理中一个重要指标。通过提高客服单价，店铺可以在顾客数量不变的情况下增加销售额	
	响应时间	客户咨询后，客服回复客户的时间间隔。当客户咨询客服时，表明客户对该"宝贝"比较感兴趣，客服响应时间就会影响到该"宝贝"的询单转化率。如果客服的响应时间短、回复专业、态度热情，那么会大大提升该"宝贝"的询单转化率	
	退货率	能直接反映客服的服务质量，客服在与客户沟通时，应注意沟通方式与技巧，结合客户的喜好推荐产品	

任务五　供应链数据采集

任务分析

　　良好的供应链运作能力是保证一个店铺持续运营的基石。供应链数据包含了采购、仓储和物流 3 个方面。小王发现店铺对于供应链数据的整理和汇总极不规范，其中包含同一个指标有多个描述方式、仓储部分数据缺失等问题。小王决定通过对供应链数据进行采集，规范店铺供应链相关数据的统计流程。

任务实施

一、采购数据采集

　　小王了解到店铺产品多数都是通过 1688 平台采购的后，决定从店铺的采购渠道开始进行深入分析，了解产品批量、发货时效等指标。

步骤 1：确定采购数据采集渠道及指标。

小王决定对产品采购数据进行采集，目标渠道是 1688 平台，其必不可少的指标有产品批量、发货时效。通常，产品的颜色、款式，以及进货数量、发货方式等因素都会影响产品的采购价格。因此，还需要采集的指标有产品 SKU、阶梯价格、物流方式等。如果后期决定采购该产品，那么还需要保留该产品的购买链接及卖家联系方式。

综上分析，小王决定采集产品标题、产品 SKU、产品批量、阶梯价格、发货时效、物流方式、物流费用、产品链接、卖家名称、联系方式这几个指标。

步骤 2：制作数据采集表。

确定了采购数据采集渠道及指标后，小王将制作数据采集表。由于店铺中的产品被分为不同的类别，因此小王应在数据采集表中增加一列，即"产品类别"列，以便后期归类。数据采集表如图 4-50 所示。

数据采集表

序号	产品类别	产品标题	产品SKU	产品批量	阶梯价格		发货时效	物流方式	物流费用	产品链接	卖家名称	联系方式
					数量	价格						

图 4-50　数据采集表

步骤 3：小王根据店铺销售的产品，准备对其逐一进行采集，每类产品寻找不少于 5 家店铺来源。

进入 1688 平台，搜索相关产品，如图 4-51 所示。

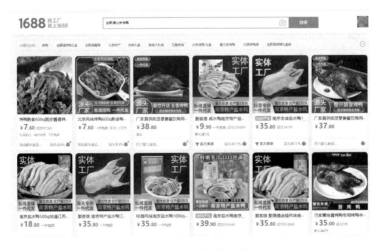

图 4-51　搜索相关产品

步骤4：根据要求，选择规格、型号、款式等相同的产品，进入产品详情、联系方式等相关页面，依据数据采集表依次采集相关数据，如图4-52所示。

图4-52　采集相关数据

步骤5：依次采集其他产品数据，填入数据采集表，直至完成所有产品数据的采集。

二、仓储数据采集

对大多数淘宝卖家而言，在整理仓储数据时通常要使用进销存软件或相应的进销存数据表。对于仓储数据的采集，主要应获取相关报表，根据需要将报表中相应的数据整理到数据采集表中即可。在整理数据的过程中需要注意的是，不同的软件、报表可能在数据指标及表述方式上存在差异，这就需要采集人员对相应的数据指标及表述方式上存在的差异进行统一和规范。

步骤1：确定数据指标。

小王计划统计店铺产品的库存，需要采集的数据指标应该包括出/入库数量、期初数量、库存标准量等。为方便了解库存的损坏情况，还需要统计损坏指标，包括包装破损数量、质量破损数量等。

步骤2：制作仓储数据采集表。

确定了数据指标后，小王根据数据指标制作了仓储数据采集表。为了便于后期归类，小王添加了产品名称、单位、入库时间几个指标，如图4-53所示。

产品名称	单位	入库时间	期初数量	入库数量	出库数量	库存标准量	包装破损数量	质量破损数量	环境破损数量	人为破损数量

图4-53　仓储数据采集表

同时，为了更好地分析破损原因，还需要单独进行相关破损指标的采集，并制作破损数据汇总表。在破损数据汇总表中，依次输入字段名"总库存数量""破损数量""破损率""结论"，如图 4-54 所示。

图 4-54　破损数据汇总表

步骤 3：根据进销存软件获取相应的数据并将其填入数据采集表，如图 4-55 所示。

	产品名称	单位	入库时间	期初数量	入库数量	出库数量	库存标准量	包装破损数量	质量破损数量	环境破损数量	人为破损数量
1	产品名称	单位	入库时间	期初数量	入库数量	出库数量	库存标准量	包装破损数量	质量破损数量	环境破损数量	人为破损数量
2	茯苓饼	盒	2022.6.1	125	150	256	150	10	0	2	0
3	京八件礼盒	盒	2022.6.1	110	200	210	150	0	2	0	0
4	驴打滚	盒	2022.6.1	120	200	104	150	2	1	0	0
5	冰糖葫芦	盒	2022.6.1	95	100	163	100	0	0	0	0
6	北京烤鸭礼盒	盒	2022.6.1	189	160	182	155	1	1	0	0

图 4-55　数据采集表

三、物流数据采集

物流数据采集可以通过在相应的物流公司网站中查询各订单的配送单号实现，但这样做效率太低。小王发现生意参谋的物流模块提供了物流数据，如图 4-56 所示。

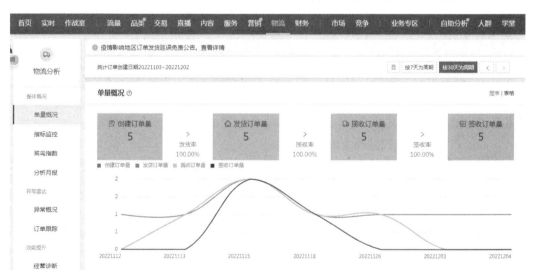

图 4-56　生意参谋的物流模块

要想了解店铺订单的主要物流数据，可以通过查看物流模块实现。打开生意参谋的物流模块，单击左侧导航栏中的"指标监控"选项和"线路时效"选项均可以查看相应的数据。"指标监控"选项和"线路时效"选项如图 4-57 所示。

图 4-57　"指标监控"选项和"线路时效"选项

1. 物流指标数据采集

步骤 1：进入生意参谋的物流模块，单击左侧导航栏中的"指标监控"选项，即可进入指标监控界面，如图 4-58 所示。

图 4-58　进入指标监控界面

步骤 2：根据需要查看各种指标数据。查看异常跟踪数据，如图 4-59 所示。

图 4-59　查看异常跟踪数据

步骤 3：查看时效考核数据，如图 4-60 所示。

图 4-60　查看时效考核数据

步骤 4：查看物流体验数据，包括物流 DSR、物流差评率、物流原因退货退款率等数据，如图 4-61 所示。

图 4-61　查看物流体验数据

2. 订单跟踪数据采集

步骤1：进入生意参谋的物流模块，单击左侧导航栏中的"订单跟踪"选项，即可进入订单跟踪界面，如图4-62所示。

图4-62 进入订单跟踪界面

步骤2：选择异常类型，包括自定义预警、支付后超时未发货、支付后超时未揽收等，如图4-63所示。

图4-63 选择异常类型

步骤3：设置支付时间、交易编号等，如图4-64所示。

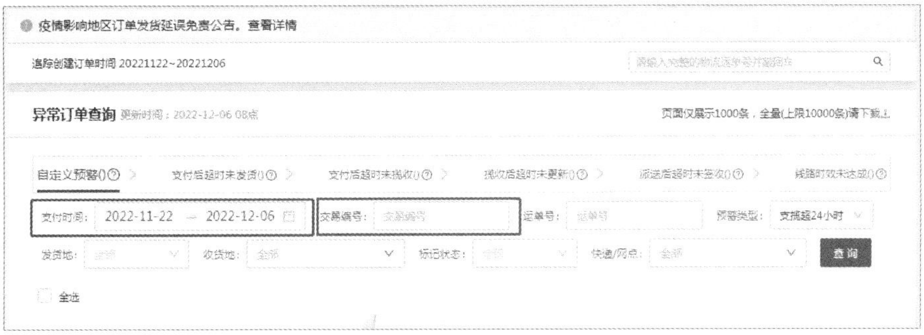

图4-64 设置支付时间、交易编号等

步骤4：根据平台提供的数据制作数据采集表，如图4-65所示。

数据采集表						
运单号	快递公司	发货时间	在途时间	发货地	收货地	交易编号

图4-65　制作数据采集表

步骤5：将获取的物流数据填入数据采集表。

知识链接

一、仓储和物流常见报表

在运营数据采集过程中，尤其是在仓储和物流数据采集过程中，经常会遇到一些数据需要从报表中获取。以下整理了几种常见的仓储和物流数据报表。

入库通知单如图4-66所示。

供应商名称：　　　　　　　　　　　　　　　　　　　供应商编码：

序号	货物编码	货物名称	规格类型	单位	计划到货数量	计划到货日期	合同号	备注

图4-66　入库通知单

供应商送货单如图4-67所示。

供应商名称：　　　　　　　　　　　　　供应商编码：　　　　　　　　　日期：

序号	货物编码	货物名称	规格类型	单位	数量	包装规格类型	合同号	备注

图4-67　供应商送货单

货物入库抽检单如图 4-68 所示。

货物编码		订单号码		订购数量		供应商名称	
货物名称		发票号码		交货数量		供应商编号	
抽检日期	检验项目	检验规格类型		抽检数量	不合格数	不合格率	判定结果
处理结果							
备注：此单用于货物入库前由质检部进行抽检判定货物质量状态。共4联：供应商联、质检部联、仓库联、财务联							
质检员：			仓管员：			供应商：	

图 4-68　货物入库抽检单

到货不合格统计表如图 4-69 所示。

收货日期	供应商名称	供应商编码	货物编码	货物名称	不合格数				备注
					货物本身	运输	装卸	其他	

图 4-69　到货不合格统计表

仓库收货单如图 4-70 所示。

供应商名称：　　　　　　供应商编码：　　　　　　日期：

交易编号		供应商联系方式：					
发票号码		供应商送货单号码：			运输方式	□自提	□送货
货物编码	货物名称	数量	单位	规格类型	验收结果		
					允收数量	拒收数量	特采数量
备注：此单多用，对内作业时，铸造毛坯/机加品/抛光品/装配成品入库时均使用此单，由生产部门填写，品管签名，仓管员确认。对外作业时，凡采购件(含办公品、工具、五金等)、委外加工货物入库时均用此单，由仓管员制单，品管(或指定专业性人员)签名，厂家确认。共 4 联：供应商联、质检部联、仓库联、财务联							
质检员：		仓管员：			供应商：		

图 4-70　仓库收货单

货物收货台账如图 4-71 所示。

序号	货物编码	货物名称	单位	入仓数量	入仓日期	实收数量	品质等级	收货员	检验员	入仓人员	存储位置	备注

图 4-71　货物收货台账

货物发货台账如图 4-72 所示。

序号	日期	货物编码	货物名称	单位	领用数量	领料单编码	用途	领料部门	领料员	备注

图 4-72　货物发货台账

仓库进销存报表如图 4-73 所示。

日期	货物编码	货物名称	入仓		出仓		结存		备注
			数量	单位	数量	单位	数量	单位	

图 4-73　仓库进销存报表

货物进销存明细账如图 4-74 所示。

货物编码				货物名称			库区			
年		凭证		摘要	收入		发出		结存	
月	日	种类	号数		批号	数量	批号	数量	批号	数量

图 4-74　货物进销存明细账

仓库库存统计表如图 4-75 所示。

统计时间									
序号	货物编码	货物名称	规格类型	批次	可用库存	冻结库存	库存合计	备注	

图 4-75　仓库库存统计表

项目五　产品数据采集

知识目标

（1）了解产品数据的含义。

（2）明确产品数据的类型。

（3）熟知产品数据采集渠道。

（4）了解产品数据的价值和产品数据分析的主要内容。

技能目标

（1）能够进行产品行业数据采集。

（2）能够进行产品运营数据采集。

任务分解

本项目包含了3个任务，具体如下。

任务一　产品数据认知；

任务二　产品行业数据采集；

任务三　产品运营数据采集。

本项目将重点介绍产品数据认知、产品行业数据采集及产品运营数据采集等内容。通过本项目的学习，学生可以掌握产品数据采集的必备知识与技能，并能够完成具体的产品数据采集工作。

任务情境

采集并处理产品数据，是电子商务数据分析必不可少的环节。通过采集产品数据，企业能够获取在运营过程中产品的销售数据、能力数据等，以及产品在行业中的指数。北京特产专营店为了了解产品的行业情况和运营情况，安排小王进行产品数据采集。

任务一 产品数据认知

任务分析

采集产品数据前，小王需要先了解产品数据，包括产品数据的含义、产品数据的类型、产品数据的价值等，为后续产品行业数据和产品运营数据的采集奠定基础。

任务实施

一、认识产品数据与产品数据分析

1. 认识产品数据

产品数据是围绕产品产生的相关数据。在电子商务领域，产品数据主要有产品行业数据和产品运营数据两种。

1）产品行业数据

产品行业数据主要有产品搜索指数和产品交易指数两种。

产品搜索指数是客户在搜索产品关键词时外在展现的数据，能够反映关键词的搜索热度。搜索指数越高代表客户对该关键词的接受程度越高，搜索指数越低代表客户对该关键词的接受程度越低。产品搜索指数是根据搜索频次等因素综合得出的数值，与实际搜索次数不同。

产品交易指数是产品整体交易金额指数化的数据。与实际交易金额不同，它能够反映产品的交易热度。交易指数越高代表产品热度越高，交易指数越低代表产品热度越低。

2）产品运营数据

产品运营数据主要有产品销售数据和产品能力数据两种。

产品销售数据主要是 SKU 数据，通过 SKU 数据，企业可以了解产品的库存和销售状况；产品能力数据包括产品获客能力数据和产品盈利能力数据，能够反映产品是否畅销，以及是否能够为企业创造利润等情况。

2. 认识产品数据分析

产品数据分析是指通过产品在其生命周期中各个阶段的数据变化来判断产品所在的阶段，指导企业进行产品结构调整、价格升降，决定产品的库存系数及产品的引进和淘汰，并对后期产品策略的演进进行合理的规划。例如，在产品探索阶段，通过产品数据分析可以指导企业明确产品的定位；在产品需求阶段，通过产品数据分析可以对客户的需求去伪存真；在产品运营阶段，通过产品数据分析可以验证产品的功能价值，并寻求产品的迭代方向。

二、产品数据采集渠道

1. 百度指数

百度指数（Baidu Index）是以百度海量用户行为数据为基础的数据分析平台，是当前互联网乃至整个数据时代十分重要的统计分析平台之一。

客户进入百度指数首页（见图 5-1），输入关键词进行搜索后，就会弹出百度指数关键词搜索界面，如图 5-2 所示。通过该界面，可以查询所搜索关键词的变化趋势、需求图谱及人群画像。

通过趋势研究，可以展现多时间段数据，客户在查看数据趋势时，可进行自定义时间设置。

通过需求图谱，可以明确所搜索关键词的搜索热度、搜索趋势等，进而判断所搜索关键词背后隐藏的关注焦点、消费欲望等。

通过人群画像，可以轻松获得客户年龄、性别、区域、兴趣的分布等数据。

图 5-1　百度指数首页

图 5-2　百度指数关键词搜索界面

2．360 趋势

360 趋势是 360 搜索推出的关键词分析工具，搜索数据是客户使用 360 搜索产生的数据。360 趋势与百度指数、搜狗指数一样，都是 SEO 与 SEM 必备的关键词分析工具。通过 360 趋势可以很好地对 360 搜索客户的搜索数据进行分析，并很好地进行关键词优化或广告投放。

客户进入 360 趋势首页（见图 5-3），输入关键词进行搜索后，就会弹出 360 趋势关键词搜索界面，如图 5-4 所示。通过该界面，可以查询所搜索关键词的变化趋势、需求图谱及人群画像。

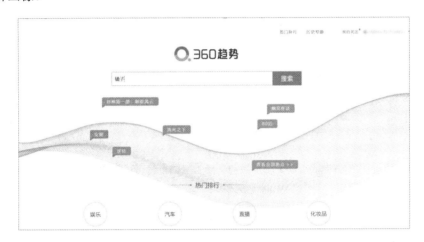

图 5-3　360 趋势首页

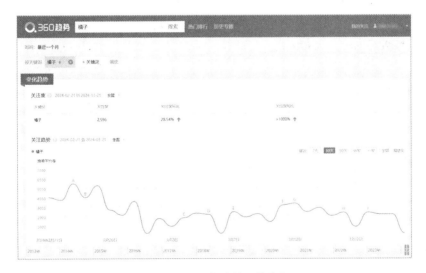

图 5-4　360 趋势关键词搜索界面

3．生意参谋

生意参谋是阿里巴巴卖家版的统一数据产品平台，集数据作战室、市场行情、装修分析、来源分析、竞争情报等数据产品于一体，也是大数据时代下赋能卖家的重要平台。生意参谋服务于广大卖家，为广大卖家的数据分析提供了极大的便利。生意参谋的市场模块的市场排行界面如图 5-5 所示。

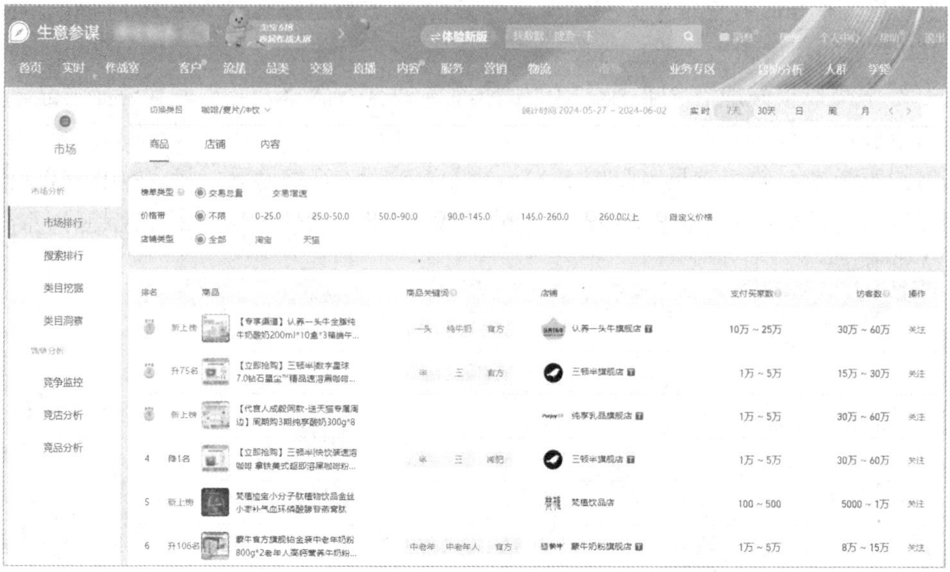

图 5-5　生意参谋的市场模块的市场排行界面

4. 巨量算数

巨量算数是巨量引擎旗下的内容消费趋势洞察品牌。巨量算数以今日头条、抖音、西瓜视频等内容消费场景为依托并承接巨量引擎的数据与技术优势，输出内容趋势、产业研究、广告策略等洞察与观点。同时，该平台的开放算数指数、算数榜单、抖音垂直类等数据分析工具，满足品牌主、营销从业者和创作者等人员对数据的洞察需求。巨量算数的算数指数界面如图 5-6 所示。

图 5-6　巨量算数的算数指数界面

三、产品数据的价值

1. 优化产品策略

产品选择要符合客户的需求，通过对产品数据进行采集，企业能够了解产品销售与客户需求的变化情况和规律，并依此优化产品策略，如调整产品组合与产品定价、改变产品促销策略等。

2. 提高产品的销售利润

通过对产品数据进行采集，企业能够及时、全面地了解产品销售计划的执行情况，帮助运营者了解产品在销售过程中存在的问题，并及时调整销售计划，以提高产品的销售利润。

3. 加强产品的数据化管理

充足的产品数据是企业产品数据化管理的基础和前提。产品在销售过程中，需要进行数据化管理，否则容易出现产品丢失、账务错误等问题。建立和使用产品数据库有助于企业加强产品信息的记录与传递。

知识链接

一、产品数据分析的主要内容

产品数据分析的主要内容包括竞争产品分析、产品客户群分析、产品偏好分析、产品价格分析、产品客户体验分析、产品生命周期分析和产品毛利分析。

1. 竞争产品分析

竞争产品分析是指分析竞争对手的产品，包括竞争对手产品的定价、营销策略、销售情况等。竞争产品分析可以采用 SWOT 分析方法，通过将竞争对手的产品与企业自身产品进行对比，分析二者之间的优点与缺点。

2. 产品客户群分析

产品客户群分析是指对产品的受众进行分析，包括对客户的性别、年龄、地域、包装偏好等进行分析。通过分析，企业可以更深入地了解产品的受众，制定有针对性的产品策略。

3. 产品偏好分析

产品偏好分析是指对客户喜爱的产品类别、包装、特点等进行分析，以便为客户提供更符合其需求的产品。

4. 产品价格分析

产品价格分析是指根据营销目标、产品成本与产品定位，对影响产品定价的因素进行分析，如企业自身定价是否高于或低于竞争对手同款产品的定价等。

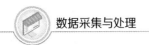

5. 产品客户体验分析

产品客户体验分析是指对客户使用产品后的体验进行分析，可以通过问卷、访谈等方式采集数据。通过分析产品的客户体验，企业能够了解产品是否满足客户的需求，并及时调整产品结构、优化产品搭配等。

6. 产品生命周期分析

产品生命周期分析是指先根据产品销量和利润等分析产品进入市场所呈现出来的特征，再根据不同特征判断产品所处的阶段是导入期（投入期）、成长期、成熟期（饱和期）还是衰退期，最后以产品各阶段的特征为基点来制定和实施企业的营销策略，如图5-7所示。

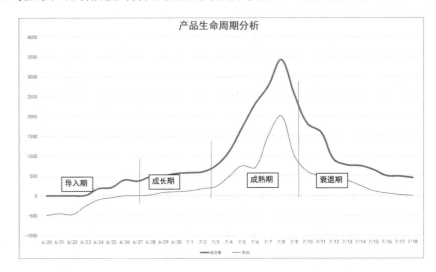

图 5-7 产品生命周期分析

7. 产品毛利分析

产品毛利分析是指对各类产品实现的毛利、毛利率及其分布情况等进行分析，使经营者可以对各类产品获得的利润进行对比，掌握其获利情况，为调整产品结构提供依据。

二、产品数据采集的重点

要进行有效的产品数据采集，首先必须确定重点产品。由于一家店铺经营的产品类别很多，以有限的人力很难兼顾，因此应对那些直接影响到店铺经营绩效的产品进行重点采集。

1. 市场需求较大，购买频次较高的产品

此类产品通常虽约占店铺经营产品的20％，却为公司贡献约80％的利润。对于此类产品，应加强其在各运营阶段的综合销售及流转信息的收集、分析和评估。

2. 价格敏感的产品

此类产品的价格高低直接影响着店铺在客户心中的价格形象，应对此类产品进行重点采集，并根据数据情况定期调整价格，以免在不知不觉中流失客户。

3. 代理或独家销售的高毛利率产品

此类产品的进价较低，毛利率相对较高，应定期采集其销售毛利贡献情况，鼓励店铺积极开展促销活动，使其毛利在总毛利中保持较高的占比。

任务二 产品行业数据采集

任务分析

通过本项目任务一的学习，小王了解了产品数据的基础知识，接下来他需要选择合适的数据采集工具进行产品行业数据采集，包括产品搜索指数采集和产品交易指数采集。

任务实施

一、产品搜索指数采集

步骤 1：确定数据采集渠道。

百度搜索是全球领先的搜索引擎，提供的产品搜索指数由百度搜索而来，得到的指数的参考性较高。因此，小王选择百度搜索作为此次产品搜索指数采集渠道。

步骤 2：确定要采集的关键词。

确定要采集的关键词需要结合企业产品所属的领域、类别等。由于北京特产专营店售卖的是北京特产，因此小王选择了"北京特产"作为关键词之一。此外，小王还选择了 2022 年 2 月销量比较好的"稻香村糕点""全聚德烤鸭""北京糖葫芦"作为关键词。

步骤 3：确定采集的时间段。

产品搜索指数采集的时间段需要围绕产品搜索指数采集的目标确定。小王将采集时间设置为一个月，具体采集的时间段是 2022 年 10 月 1 日到 2022 年 10 月 31 日。

步骤 4：在浏览器中搜索百度指数，并打开百度指数官网。

步骤 5：登录或注册百度指数。单击右上角的"登录"按钮或"注册"按钮，即可登录或注册百度指数，如图 5-8 所示。

图 5-8 单击"登录"或"注册"按钮

步骤 6：搜索关键词。依次搜索关键词"北京特产""稻香村糕点""全聚德烤鸭""北

京糖葫芦"。

这里以搜索关键词"全聚德烤鸭"为例展开讲解。首先，在搜索框中输入关键词，其次单击右侧的"开始搜索"按钮，如图 5-9 所示。

图 5-9　搜索关键词

步骤 6.1：根据需要依次设置时间段、区域等，如图 5-10 所示。

图 5-10　设置时间段、区域等

步骤 6.2：采集产品关键词的搜索指数。得到关键词"全聚德烤鸭"的搜索指数，当将鼠标指针移动到某个时间点时，可以得到处于该时间点的搜索指数，如图 5-11 所示。同时，在"搜索指数概览"界面中，可以得到关键词"全聚德烤鸭"的均值及同比、环比增长数值等。

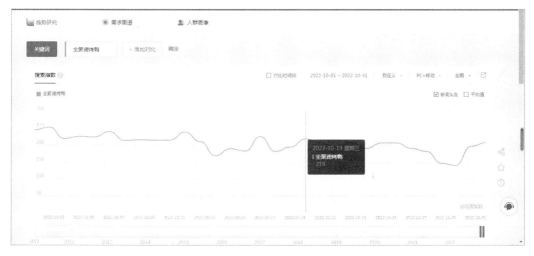

图 5-11　关键词"全聚德烤鸭"的搜索指数

步骤 6.3：采集产品关键词的人群属性数据。单击"人群画像"按钮，如图 5-12 所示。

图 5-12　单击"人群画像"按钮

完成时间的设置，得到关键词"全聚德烤鸭"的人群属性数据，如图 5-13、图 5-14 所示。

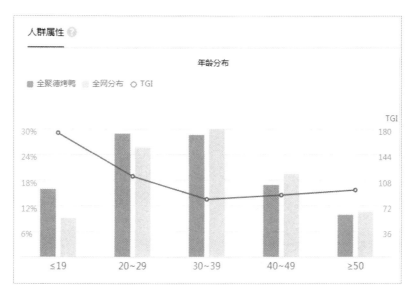

图 5-13　关键词"全聚德烤鸭"的人群属性（年龄）数据

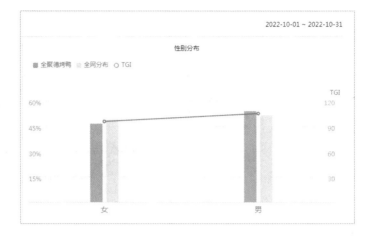

图 5-14 关键词"全聚德烤鸭"的人群属性（性别）数据

步骤 6.4：采集产品关键词的需求图谱数据。选中"需求图谱"单选按钮，如图 5-15 所示。

图 5-15 选中"需求图谱"单选按钮

得到关键词"全聚德烤鸭"的需求图谱数据，拖动下方的滑块可以调整时间段，如图 5-16 所示。需要注意的是，时间段只能选择一周，要采集一个月的数据需要多选几次。在"需求图谱"界面中可以采集关键词"全聚德烤鸭"的相关词热度数据，如图 5-17 所示。

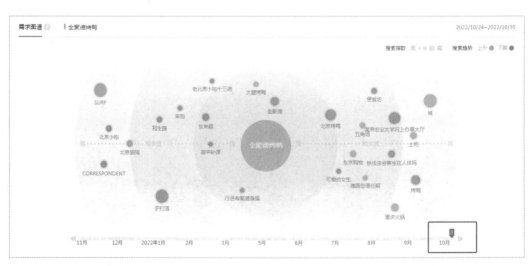

图 5-16 调整时间段

图 5-17　相关词热度数据

二、产品交易指数采集

步骤 1：确定数据采集渠道。

产品交易指数一般会选用平台类的渠道进行采集。由于北京特产专营店是一家淘宝店铺，因此小王选用生意参谋作为此次的数据采集渠道。

步骤 2：确定采集的时间段。

产品交易指数采集的时间段需要围绕产品交易指数采集的目标确定。小王将采集时间设置为一周，具体采集的时间段是 2022 年 10 月 25 日到 2022 年 10 月 31 日。

步骤 3：登录生意参谋，单击"市场"菜单，如图 5-18 所示。

图 5-18　单击"市场"菜单

步骤 3.1：采集市场大盘交易指数。单击"市场大盘"选项，如图 5-19 所示。

图 5-19　单击"市场大盘"选项

得到行业趋势交易指数，如图 5-20 所示。

图 5-20　行业趋势交易指数

步骤 3.2：采集市场排行交易指数。单击"市场排行"选项，如图 5-21 所示。

图 5-21　单击"市场排行"选项

分别单击"店铺"选项和"商品"选项，得到店铺市场排行交易指数与产品市场排行交易指数，如图 5-22、图 5-23 所示。需要注意的是，在采集产品市场排行交易指数时，可以依次单击"高交易"选项、"高流量"选项、"高意向"选项获取相应的交易指数。

图 5-22　店铺市场排行交易指数

图 5-23　产品市场排行交易指数

知识链接

一、产品搜索指数采集的维度

产品搜索指数是搜索相关产品关键词热度数据化的体现，从侧面反映了客户对产品的关注度和兴趣度。产品搜索指数是根据搜索频次等因素综合计算得出的数值，数值越大代表搜索热度越高，但不等同于实际的搜索次数，仅用于定性分析。通常来说，产品搜索指数采集的维度主要包括搜索词、长尾词、品牌词、核心词和修饰词 5 种。

1. 搜索词

搜索词是搜索产品时，在搜索框中输入的词汇。搜索词直接代表了搜索意图，用于制作标题、分析行为动机、确定推广关键词等。

2. 长尾词

对搜索词进行分词，可以分出 3 个以上词语的搜索词被称为长尾词。长尾词的搜索量不稳定，但匹配度高、需求明确且带来的转化率高，适用于精准优化。

3. 品牌词

对搜索词进行分词后，取分词中的品牌名称作为品牌词。品牌词的点击率高、转化率高、转化成本低，适用于品牌知名度较高且能拓展出其他有价值品牌相关词的企业。

4. 核心词

对搜索词进行分词后，取分词中的产品名称作为核心词，核心词属于行业主词。核心词的搜索量大、曝光力度强且流量高，但精准度不够、转化率低。

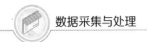

5. 修饰词

对搜索词进行分词后，取分词中用于描述修饰核心词的词组作为修饰词。修饰词以名词居多，用于在制作标题时修饰核心词。

二、产品行业数据相关指标

产品行业数据相关指标如表 5-1 所示。

表 5-1　产品行业数据相关指标

指标名称	指标定义
搜索人气	统计周期内行业搜索客户数进行指数化后的指数类指标。 搜索人气越高，代表搜索人数越多
搜索热度	统计周期内由搜索引导至行业中产品的访问次数进行指数化后的指数类指标。 搜索热度越高，代表由搜索引导至行业中产品的访问次数越多。反之，搜索热度越低，代表由搜索引导至行业中产品的访问次数越少
访问人气	根据统计周期内的访客数拟合出的指数类指标。访问人气越高，代表访客数越多
浏览热度	根据统计周期内的浏览量拟合出的指数类指标。浏览热度越高，代表浏览量越多
收藏人气	根据统计周期内的收藏人数拟合出的指数类指标。收藏人气越高，代表收藏人数越多
收藏热度	根据统计周期内的收藏次数拟合出的指数类指标。收藏热度越高，代表收藏次数越多
加购人气	根据统计周期内的加购人数拟合出的指数类指标。加购人气越高，代表加购人数越多
加购热度	根据统计周期内的加购次数拟合出的指数类指标。加购热度越高，代表加购次数越多
客群指数	统计周期内行业支付客户数进行指数化后的指数类指标。客群指数越高，代表支付客户数越多
交易指数	对统计周期内产品交易过程中的核心指标数据（如订单数、买家数、支付件数、支付金额等）进行综合计算得出的数值，不等同于交易金额。 交易指数越高，代表交易类数值越大。反之，交易指数越低，代表交易类数值越小

任务三　产品运营数据采集

任务分析

产品运营作为整个运营体系的一个分支，和其他运营（如活动运营、内容运营、社群运营等）一样，都是为了支撑整个运营体系朝着精细化方向发展。在同一个企业中，面向不同的业务人员，其运营目标也是不同的。小王作为产品运营者，关注的焦点更倾向于产品本身的销售数据及能力数据，因此，针对产品运营数据采集，小王需要从产品销售数据采集和产品能力数据采集两方面入手。

任务实施

一、产品销售数据采集

区别于店铺销售数据采集，在进行产品销售数据采集时更侧重采集单品的销售详情，从店铺整体的类别模式先切换到单品模式，再切换到 SKU 模式，采集的主体颗粒度更小。

步骤 1：确定数据指标。

产品销售数据采集的核心概况包括商品访客数、商品微详情访客数、商品浏览量、平均停留时长、商品详情页跳出率、商品加购件数等；采集的 SKU 销售详情包括加购件数、支付金额、支付件数、支付买家数等。

步骤 2：确定数据采集渠道。

在进行电子商务数据采集时，常用的数据采集渠道有电子商务网站、店铺后台或平台提供的数据工具、政府部门、机构协会、媒体、权威网站数据机构、指数工具等。根据数据类型的不同，小王需要选择合适的、值得信赖的数据采集渠道。

产品销售数据是电子商务项目运营过程中店铺自身产品产生的数据，属于内部数据，可优先选择店铺后台或平台提供的数据工具。

步骤 3：确定数据采集工具。

在采集数据时，一般通过人工摘录完成。但在数据量较大时，为了提升工作效率，往往需要使用数据采集工具。目前，市面上的数据采集工具多种多样，其功能、使用难易程度各异，卖家需要根据自身情况的不同，结合各数据采集工具的适用范围、功能及呈现的数据类型进行选择。

因为北京特产专营店为淘宝店铺，所以小王选择了专为淘宝、天猫卖家打造的生意参谋作为数据采集工具。

步骤 4：打开并登录生意参谋，如图 5-24 所示。

图 5-24　打开并登录生意参谋

步骤 5：单击"品类"菜单，进入品类模块，单击左侧导航栏中的"商品 360"选项，打开"商品 360"界面，如图 5-25 所示。

图 5-25　打开"商品 360"界面

步骤 6：在搜索框中输入产品的标题、ID、URL 或货号，搜索进入该产品的销售详情页，在"核心概况"界面中，通过手工摘录或单击"下载"按钮，采集产品的核心概况，如图 5-26 所示。在"SKU 销售详情"界面中，通过手工摘录或单击"下载"按钮，采集产品的 SKU 销售详情，如图 5-27 所示。付费用户可以采集更多指标数据。

图 5-26　采集产品的核心概况

图 5-27　采集产品的 SKU 销售详情

步骤7：数据采集完成后需要进行数据的检查，确保数据完整、准确、规范。要注意检查下载的数据保存的文件是否完整、是否能够正常打开、有无数据缺失。在摘录数据时，应注意翻页，避免缺失部分数据。

二、产品能力数据采集

　　步骤1：确定数据指标。

　　产品能力总体分为产品获客能力和产品盈利能力两种。产品获客能力是用来衡量产品为店铺获取客户的能力，主要指标包括点击量、收藏量和复购率等。产品盈利能力是用来衡量产品为店铺获取利润的能力，主要指标包括投入产出比、毛利率等。

　　小王针对店铺推广的产品"冰糖葫芦500g多口味装老北京特产小吃"最终确定了以下数据指标：展现量、点击量、花费、点击率、平均点击花费、总成交金额、总成交笔数、点击转化率、总购物车数、收藏宝贝数、收藏店铺数、总收藏数、宝贝收藏成本等。

　　步骤2：确定数据采集工具。

　　根据对收集到的指标数据的分析可知，指标数据一方面产生于产品运营过程中，可以通过后台追踪记录或借助第三方采集工具获取，如点击量、收藏量、投入产出比、支付金额、推广费用等；另一方面来源于企业的ERP软件、进价表等，可以通过下载并导出或复制并粘贴获取，如采购成本等。此外，还有一些间接获取的指标数据，如客户购买频次、客户数量，可以通过后台追踪记录或借助第三方采集工具获取。

　　步骤3：使用卖家账号登录淘宝，单击"千牛卖家中心"按钮，进入淘宝店铺后台，单击千牛卖家中心的工作台左侧导航栏中的"推广"→"推广中心"选项，进入推广中心界面，单击关键词推广模块中的"立即投放"按钮进入"阿里妈妈·万相台"界面，如图5-28、图5-29所示。

图 5-28　进入推广中心界面

图 5-29　"阿里妈妈·万相台"界面

步骤 4：单击"报表"菜单，进入报表界面，单击 ⚙ 图标，如图 5-30 所示。选择需要展示的指标，如图 5-31 所示。

步骤 5：有选择地摘录相关数据，如图 5-32 所示。

步骤 6：可以单击"订单管理"列表中的"已卖出的宝贝"选项，在"已卖出的宝贝"界面中输入订单的相关信息，如订单编号、创建时间等，还可以单击"批量导出"按钮，下载多个订单的信息，如图 5-33 所示。单击"生成报表"按钮，如图 5-34 所示。

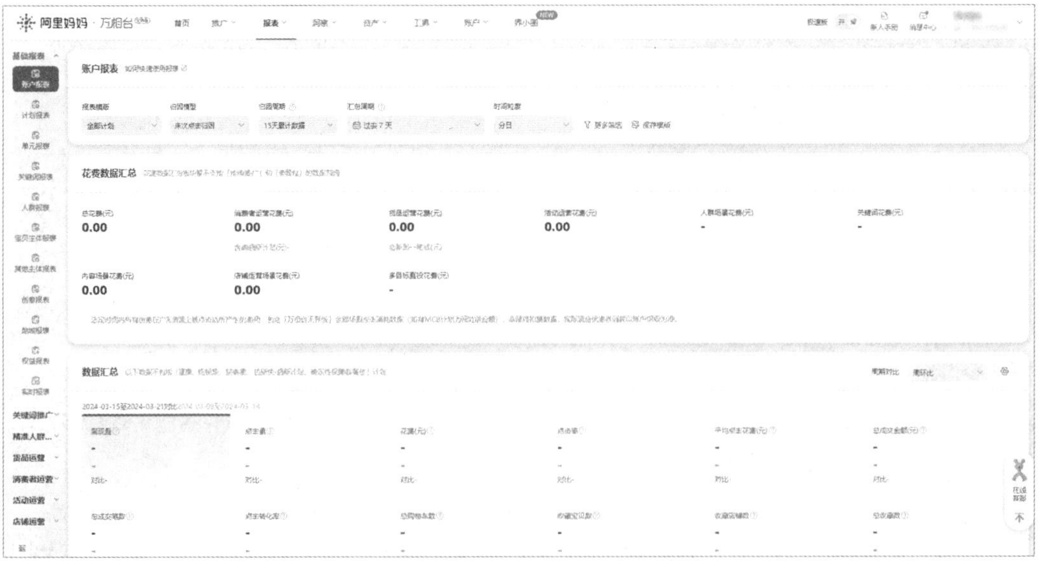

图 5-30　报表界面

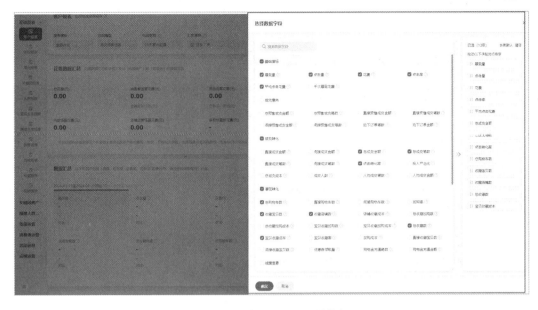

图 5-31 选择需要展示的指标

图 5-32 摘录相关数据

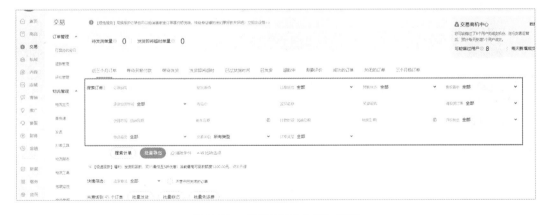

图 5-33 "已卖出的宝贝"界面

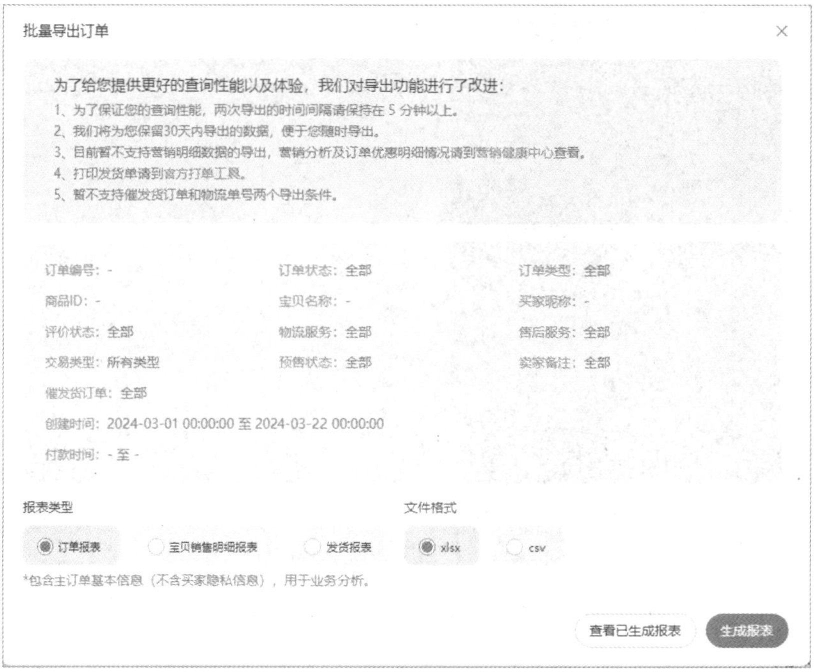

图 5-34　单击"生成报表"按钮

步骤 7：从企业的进价表中获取产品采购价格。

步骤 8：整理并检查数据。

知识链接

一、产品销售数据相关指标

1．SPU

SPU 是产品信息聚合的最小单位，是一组可复用的、易于检索的标准化信息的集合，该集合描述了一个产品的特性。简单来说，属性值、特性相同的产品就可以称为一个 SPU。

例如，小米 14 就是一个 SPU，华为 P40 也是一个 SPU，SPU 与手机的颜色、款式、套餐均无关。

2．SKU

SKU 即库存进出计量的单位，可以是件、盒、托盘等。SKU 在服装类、鞋类产品中使用较为普遍。例如，在纺织品中，SKU 通常表示该产品的规格、颜色、款式。

3．销售增长率

销售增长率是产品本期销售增长额同上期销售额的百分比。本期销售增长额为本期销售额与上期销售额的差额。销售增长率的计算公式为：

$$销售增长率=本期销售增长额÷上期销售额×100\%$$
$$=（本期销售额-上期销售额）÷上期销售额×100\%$$

4．售罄率

售罄率是指一定时间内某种产品的销量与进货量的百分比，用于确定产品销售到何种程度可以进行清仓处理。售罄率的计算公式为：

$$售罄率＝销量÷进货量×100\%$$

二、产品能力数据相关指标

1．新客点击量

新客点击量是指首次访问网站或首次使用网站服务的客户的点击量。分析该指标对抢占市场份额、评估网站的推广效果和发展速度至关重要。

2．复购率

复购率全称为重复购买率，是指一定时期内产生两次或两次以上购买行为的客户数量与客户总数量的百分比。复购率越高，表示客户对品牌的忠诚度越高，反之则越低。复购率是衡量客户忠诚度的一个重要指标。计算复购率有两种方法。

按重复购买客户数量计算：

$$复购率＝重复购买客户数量÷客户总数量×100\%$$

例如，已知共有客户 200 人，其中 50 人重复购买（不用考虑重复购买了几次），则复购率＝50÷200×100%＝25%，即复购率为 25%。

按客户购买行为次数计算：

$$复购率＝客户购买行为次数÷客户总数量×100\%$$

例如，已知共有客户 200 人，其中 50 人重复购买，若这 50 人中有 20 人重复购买 1 次（共购买 2 次），有 30 人重复购买 2 次（共购买 3 次），则复购率＝（20×1＋30×2）÷200×100%＝40%，即复购率为 40%。

在计算复购率时，一定要确认好统计周期，以便对不同周期的数据进行对比，判断出购买趋势。

3．新客点击率

新客点击率是指新客点击量与总点击量的百分比。新客点击率越高，表示该产品的获客能力越强。新客点击率的计算公式为：

$$新客点击率＝新客点击量÷总点击量×100\%$$

4．获客成本

获客成本是指获取付费客户的成本。获客成本是评价产品获客能力的关键指标之一。获客成本的计算公式为：

$$获客成本＝总投入÷新客数量$$

降低获客成本的方法有以下 3 种。

（1）通过创意营销以低成本产生广泛的传播效果。

（2）重视老客户的管理，提升单个客户的价值。

（3）优化后续客户服务，提升转化率，用高留存保证获得更多的有效客户。

项目六　数据分类与处理

知识目标

（1）了解数据分类与处理的作用、原则和方法。

（2）熟悉 Excel 中常用的数据分类统计功能。

（3）熟悉数据处理的步骤。

（4）了解数据计算的常用方法。

技能目标

（1）能够使用 Excel 的分类汇总、数据透视表等功能对数据进行分类统计。

（2）能够根据数据处理目标对数据进行清洗、转换及排序等。

（3）能够使用公式对数据进行计算。

任务分解

本项目包含了 4 个任务，具体如下。

任务一　数据分类与处理认知；

任务二　数据分类统计；

任务三　数据处理；

任务四　数据计算。

本项目将重点介绍数据分类与处理认知、数据分类统计、数据处理及数据计算等内容。通过本项目的学习，学生可以掌握数据分类与处理的流程及方法，并能够将其应用到电子商务运营实践中。

任务情境

小王采集完成数据之后，得到了大量的原始数据。然而这些原始数据有些内容缺失，有些格式混乱，并不能直接从中获取有用的信息。因此，小王决定先对这些数据进行分类与处理，在提升数据内容质量的同时，完成数据格式的统一，并通过加工，使其呈现出一定的客观规律。

任务一　数据分类与处理认知

任务分析

为了顺利地对收集的数据进行分类与处理，小王需要对数据分类与处理有一个基本的认知。为此，小王需要了解数据分类与处理的作用、原则和方法，为之后的工作打好基础。

任务实施

一、数据分类与处理的作用

数据分类与处理是指根据数据分析目的，将收集的原始数据，用适当的处理方法进行加工、整理，使其变得统一、准确和完整，并推导出有价值的数据分析结果的过程。数据分类与处理在整个数据分析中起着承上启下的作用，影响着数据分析的输出价值，是实现数据驱动决策的有效凭证。数据分类与处理的作用如下。

1. 集中、系统地反映客观状况

在电子商务运营过程中，通过数据分类与处理，可以清晰地表达出现阶段的真实运营状况，帮助运营者实现运营过程的有效监控。

2. 确保数据内容完整和格式统一

由于数据采集的方法多样，得到的数据并不一定符合数据分析的要求，因此一方面需要对收集的数据进行清洗、加工、关联和聚合，以确保数据内容的完整、准确、有效；另一方面需要对收集的数据进行格式化，以形成适合数据分析的类型或样式。

3. 发现规律，实现深度挖掘

数据本身是杂乱、无意义的，只有通过分类与处理，才能呈现出一定的规律，挖掘出行为背后潜在的巨大价值。数据分类与处理的维度越多，展示给数据分析的范围就越广，提取的有用信息也就越丰富。

二、数据分类与处理的原则

1. 客观性原则

客观性原则要求坚持用数据说话，数据分类与处理的结果应准确、可靠且客观，应能如实反映企业运营现状。

2. 完整性原则

完整性原则体现在数据分类与处理不是单个数据的整理活动，而是具有相当体量、相互关联、需要进行引用的数据库的集成上，这一阶段越完整，下一步的数据分析就越全面、越深入。同时，完整性原则还体现在对数据表中字段属性（包括字段的值域、字段的类型和字段的有效规则等）的约束上。

3. 针对性原则

数据分类与处理的方法并不唯一，针对性原则要求在具体操作过程中应紧贴电子商务数据处理方案，依据数据加工的目标，针对不同类型数据的复杂程度、难易程度，选择合适的方法。

4. 严谨性原则

数据分类与处理是整个数据分析过程中花费时间较多且十分耗费精力的环节，同时由于数据的庞大、烦琐而使得这一过程显得枯燥、乏味，出错的概率较大。数据分类与处理中一个错误的数据能影响一个结果，一个错误的结果能影响一个决策，而一个错误的决策对公司运营来说可能是非常致命的。因此，在进行数据分类与处理时应谨慎、细心、敏锐，且应时刻以严谨的态度待之。

5. 便捷性原则

便捷性原则要求数据分类与处理的结果应便于观察、对比、分析，能简单、快速地调用，以易于发现规律。

三、数据分类与处理的方法

数据分类与处理的方法主要包括分类统计、数据清洗、数据转换、数据排序、数据筛选、数据计算等。

（1）分类统计：根据统计目的分门别类地对采集的原始数据进行统计。

（2）数据清洗：将数据表中多余、重复的数据筛选出来并删除；补充缺失、不完整的数据；将内容、格式错误的数据纠正或剔除。

（3）数据转换：对数据的格式或结构进行转换。

（4）数据排序：按照一定的规则排列数据。

（5）数据筛选：按照一定的需求将所需的数据筛选出来。

（6）数据计算：对数据表中的数据有目的地进行加、减、乘、除等计算。

知识链接

数据分类与处理的常用工具如下。

1. Excel

Excel 是 Microsoft Office 的组件之一，功能涵盖数据处理、基础统计分析、可视化展现等方面，是新手入门数据分析的基础工具。Excel 主要用来进行表单制作、复杂运算、图表建立、数据管理、决策指示等，如表 6-1 所示。

表 6-1　Excel 的具体应用

序号	具体应用	具体内容
1	表单制作	使用 Excel 提供的格式化命令，可以轻松制作出专业、美观、易于阅读的各类表单
2	复杂运算	在 Excel 中，不但可以自己编辑公式，而且可以使用系统提供的大量函数进行复杂的运算，还可以使用分类汇总功能，快速完成对数据的分类汇总
3	图表建立	Excel 提供了柱形图、饼图、折线图、雷达图等多种多样的图表，只需进行简单的操作，就可以制作出精美的图表
4	数据管理	电子商务企业每天都会产生大量数据，包括销售数据、推广数据、客户数据、供应链数据等，这些数据只有加以处理，才能知道每个时间段的销售额、库存量、访客数等的变化，而使用 Excel 有利于企业进行数据处理
5	决策指示	Excel 具有单变量求解、双变量求解等功能，可以根据公式和结果倒推出变量，进而进行数值的预测等

2. SPSS

SPSS（Statistical Product and Service Solutions，统计产品与服务解决方案）面向商业化，主要用于各领域数据的统计分析，是一款非常强大的统计分析软件。

SPSS 是世界上最早采用图形菜单驱动界面的统计软件，突出特点是操作界面非常友好，输出结果美观。SPSS 将几乎所有功能都以统一、规范的界面展现出来，使用 Windows 的窗口方式展示各种管理和分析数据方法的功能，在对话框中展示各种功能选项。SPSS 采用类似 Excel 表格的方式输入与管理数据，数据接口较为通用，能很方便地从其他数据库中导入数据。

SPSS 的基本功能包括数据管理、统计分析、图表分析、输出管理等。SPSS 统计分析的过程包括描述性统计、均值比较、相关分析、回归分析、聚类分析、数据简化、生存分析、时间序列分析、多重响应等，同时，SPSS 也有专门的绘图系统，可以根据数据绘制各种图形。

3. R 语言

R 语言是一种用于数据分析、统计建模和可视化的编程语言。R 语言是由 Ross Ihaka 和 Robert Gentleman 开发的，于 1993 年首次发布。R 语言是一种免费、开源的语言，提供了强大的数据处理、数据分析和数据可视化工具，用户使用这些工具能够很方便地对数据进行各种操作和分析，并以图形形式呈现结果。R 语言在数据处理、数据挖掘、回归分析、概率估计等领域发挥着重要作用。

R 语言内含多种统计学及数字分析功能。与其他统计学或数学专用的编程语言相比，R 语言有更强的代码编写功能。同时，R 语言具有很强的绘图功能。

4. Python 语言

Python 语言是一种高级编程语言，因简单易学、可读性强的特点而闻名。作为一种通

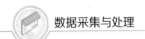

用编程语言，Python 语言在软件开发、数据科学、人工智能、网络编程等领域得到了广泛应用。Python 语言具有语法简洁、开源、跨平台、库和框架丰富、面向对象编程、动态类型和自动内存管理等特点。Python 语言在数据科学、Web 开发、自动化脚本等领域有着广泛的应用。无论是初学者还是专业开发者，都可以使用 Python 语言轻松地实现各种功能。

Python 语言提供了大量的第三方扩展库，如 Pandas、Matplotlib、NumPy 等。使用这些库不仅可以进行数据处理、数据分析、数据挖掘和数据可视化，还可以进行软件、游戏、Web 开发及运维。此外，这些库自带的分析方法模型也使得数据分析变得简单、高效，只需要编写少量的代码就可以得到分析结果。

任务二　数据分类统计

任务分析

为了便于下面的数据处理和计算，小王决定根据统计目的对采集的原始数据分门别类地进行统计。在通常情况下，根据数据的产生来源划分，分类统计的数据可以分为市场数据、运营数据和产品数据，但无论哪种类型的数据，其分类统计的方法都是相同的。接下来，小王将使用 Excel 中的工具完成数据分类统计，小王首先需要了解 Excel 的数据分类统计功能。

Excel 中常用的数据分类统计功能有分类汇总、合并计算、函数、数据透视表等。

任务实施

一、分类汇总

分类汇总用于对特定类别的特定信息进行汇总。分类汇总一般分为简单分类汇总、高级分类汇总和嵌套分类汇总。

1. 简单分类汇总

在数据量较少的工作表中，通常需要对某些字段进行分类统计。Excel 提供了简单分类汇总功能，用于自动对数据列表进行分类汇总。值得注意的是，进行分类汇总之前，首先要对工作表中的数据按汇总项进行排序。

例如，若要汇总"网店无线端流量结构月报"工作表中各流量来源的访客数，则应先对"流量来源"列进行排序，再单击"数据"选项卡的"分级显示"功能组中的"分类汇总"按钮，打开"分类汇总"对话框，分别设置"分类字段"选项、"汇总方式"选项和"选定汇总项"选项，如图 6-1 所示。

简单分类汇总的结果如图 6-2 所示。在左侧分级显示列表中，通过单击相应按钮即可显示或隐藏对应的数据明细。

2. 高级分类汇总

高级分类汇总用于对数据按某一类别以多种汇总方式进行汇总。前面已经对"网店无线端流量结构月报"工作表中各流量来源的访客数进行了汇总求和，此时若还需要统计各流量来源带来访客数的平均值，则需要进行高级分类汇总。

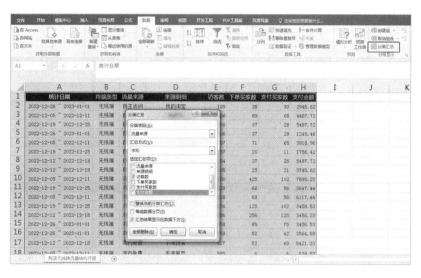

图6-1 简单分类汇总步骤

图6-2 简单分类汇总的结果

在以上简单分类汇总结果的基础上，单击"数据"选项卡的"分级显示"功能组中的"分类汇总"按钮，打开"分类汇总"对话框，在"汇总方式"下拉列表中选择"平均值"选项，"分类字段"选项和"选定汇总项"选项的设置保持不变，取消勾选"替换当前分类汇总"复选框，即可完成高级分类汇总，如图6-3和图6-4所示。

图6-3 "分类汇总"对话框 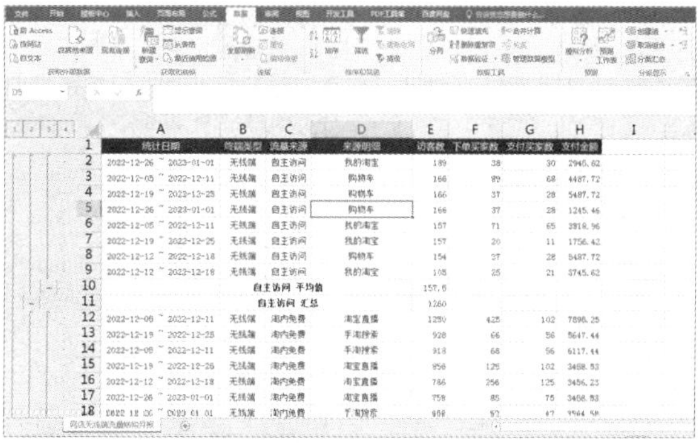　　　　图6-4 高级分类汇总的结果

3. 嵌套分类汇总

在上面的高级分类汇总中虽然汇总了两次，但是两次汇总的关键字段是相同的。如果需要对多个不同字段同时进行分类汇总，以达到用不同条件对数据进行汇总的目的，那么可以进行嵌套分类汇总，即在一个已经进行了分类汇总的工作表中继续进行其他分类汇总。图 6-5 所示为按统计日期对流量来源的访客数进行的嵌套分类汇总的结果。

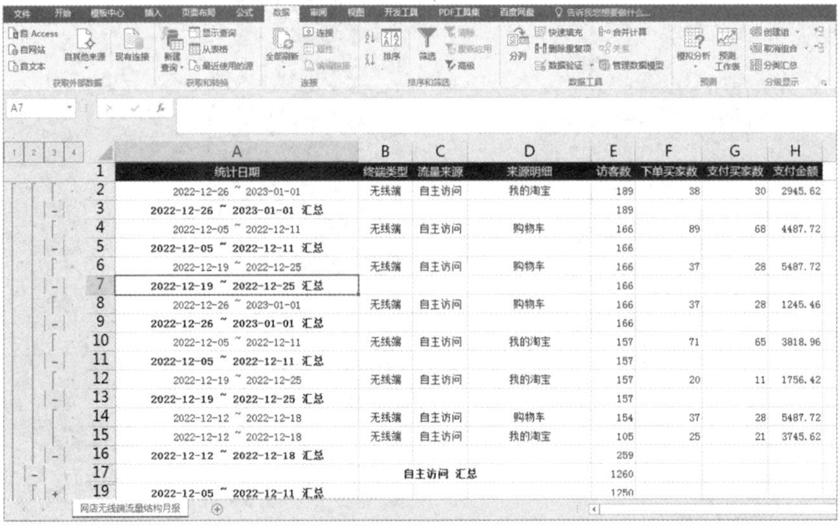

图 6-5　嵌套分类汇总的结果

值得注意的是，若想要将已经按照日期进行分类汇总的访客数恢复到分类汇总之前，则需要取消分类汇总。此时，单击"数据"选项卡的"分级显示"功能组中的"分类汇总"按钮，打开"分类汇总"对话框，单击"全部删除"按钮（见图 6-6），即可将所有汇总结果删除。取消分类汇总的结果如图 6-7 所示。

图 6-6　单击"全部删除"按钮

图 6-7　取消分类汇总的结果

二、合并计算

合并计算用于帮助用户将特定单元格区域中的同类数据按照项目的匹配性进行汇总，汇总的方式包括求和、计数、求平均值、求最大值、求最小值等。合并计算一般分为按位置合并计算和按类别合并计算。

1. 按位置合并计算

按位置合并计算是指当需要合并计算的数据在各工作表中显示的位置完全相同时，将相同位置上的数据一一对应进行合并计算。

图 6-8 所示为北京特产专营店一分店和二分店的产品销售情况，现在需要将其合并到一张工作表中，从而得出店铺的销售总额。

产品销售情况				产品销售情况		
产品	销售单价	销量		产品	销售单价	销量
茯苓饼	112	42		茯苓饼	112	44
北京冰糖葫芦	200	107		北京冰糖葫芦	200	100
稻香村糕点	147	112		稻香村糕点	147	120
北京烤鸭礼盒	499	23		北京烤鸭礼盒	499	20
驴打滚礼盒	398	35		驴打滚礼盒	398	33

图 6-8　北京特产专营店一分店和二分店的产品销售情况

步骤 1：在新工作表中创建产品的基本标识，并将"产品"列、"销售单价"列中的数据复制到新工作表中。选择 C3 单元格，单击"数据"选项卡的"数据工具"功能组中的"合并计算"按钮（见图 6-9），打开"合并计算"对话框，如图 6-10 所示。

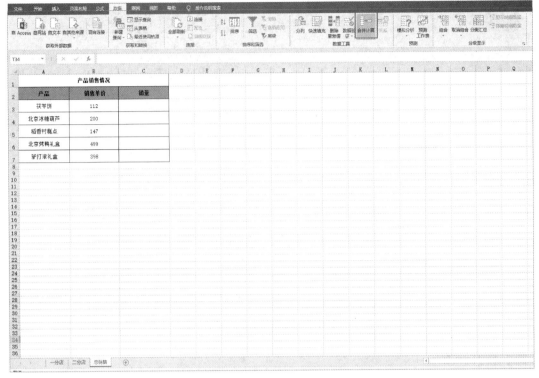

图 6-9　单击"合并计算"按钮 1

图 6-10　"合并计算"对话框

步骤 2：将光标定位到"引用位置"文本框中，切换到"一分店"工作表中，拖动鼠标选择 C3:C7 单元格区域，单击"添加"按钮，即可添加此单元格区域到"所有引用位置"列表框中，如图 6-11 所示。

步骤 3：按照相同的方法添加"二分店"工作表中的 C3:C7 单元格区域作为第二个计算区域，如图 6-12 所示。

步骤 4：单击"确定"按钮，在新工作表的 C3:C7 单元格区域将显示"一分店"工作表与"二分店"工作表中 C3:C7 单元格区域的数据合并计算的结果，如图 6-13 所示。

图 6-11 设置第一个计算区域

图 6-12 设置第二个计算区域

产品销售情况		
产品	销售单价	销量
茯苓饼	112	86
北京冰糖葫芦	200	207
稻香村糕点	147	232
北京烤鸭礼盒	499	43
驴打滚礼盒	398	68

图 6-13 合并计算的结果 1

2. 按类别合并计算

按类别合并计算是指以各工作表中的首列数据作为判断依据,若数据相同则对其进行合并计算,若数据不同则将其直接合并到新工作表中。

图 6-14 所示为 2022 年 10 月份某店铺几个分店中各产品的销售额统计情况,其中产品的品类有重复的也有不重复的,现在需要将这 4 张工作表中的数据合并到 1 张工作表中。

2022年10月份销售情况表	
品类	一分店销售额
A产品	5000
C产品	7000
D产品	1600
G产品	4500

2022年10月份销售情况表	
品类	二分店销售额
B产品	6650
C产品	8000
D产品	4369

2022年10月份销售情况表	
品类	三分店销售额
B产品	6000
A产品	4000
D产品	4300

2022年10月份销售情况表	
品类	四分店销售额
B产品	6900
F产品	4000

图 6-14 各产品的销售额统计情况

步骤1：重命名新工作表为"汇总"，并建立基本标识，选择A2单元格，单击"数据"选项卡的"数据工具"功能组中的"合并计算"按钮，如图6-15所示。

图6-15　单击"合并计算"按钮2

步骤2：勾选"首行"复选框和"最左列"复选框，将光标定位到"引用位置"文本框中，切换到"一分店"工作表中，拖动鼠标选择A2:B6单元格区域，单击"添加"按钮，如图6-16所示。

步骤3：按照相同的方法依次添加"二分店"工作表、"三分店"工作表、"四分店"工作表中对应的单元格区域，如图6-17所示。

图6-16　设置"一分店"工作表的计算区域　　　图6-17　设置其他工作表的计算区域

步骤4：单击"确定"按钮，返回到"汇总"工作表中，即可看到合并计算的结果，如图6-18所示。

	A	B	C	D	E
1	2022年10月份销售情况表				
2		一分店销售额	二分店销售额	三分店销售额	四分店销售额
3	A产品	5000		4000	
4	B产品		6650	6000	6900
5	C产品	7000	8000		
6	D产品	1600	4369	4300	
7	G产品	4500			
8	F产品				4000

图6-18 合并计算的结果2

值得注意的是，如果两个工作表中的数据不同或顺序不同，那么可以在"合并计算"对话框中分别勾选"首行"复选框和"最左列"复选框。

三、函数

函数是 Excel 预先定义好的特殊公式，在执行数据分类统计、数据计算等任务时功能强大。函数通常是由函数名称、小括号、参数、半角逗号构成的。一个函数只有唯一的函数名称且不区分大小写，函数名称体现了函数的功能。数据分类统计中常用的函数有 SUM 函数（求和函数）、SUMIF 函数（条件求和函数）、AVERAGE 函数（求平均值函数）、COUNT 函数（计数函数）、COUNTIF 函数（条件计数函数）、MAX 函数（最大值函数）、MIN 函数（最小值函数）等。各函数的具体格式、功能和说明如下。

1. SUM 函数

格式：SUM(number1,number2,...)

功能：求所有参数之和。

说明：number1,number2,...表示 1～255 个需要求和的参数。

如图 6-19 所示，对 E2 单元格和 F2 单元格进行求和，并将结果存放到 I2 单元格中。

I2			f_x	=SUM(E2,F2)					
	A	B	C	D	E	F	G	H	I
1	产品名称	曲面电视	4K超高清电视	超薄电视	柜式空调	壁挂空调	滚筒洗衣机	波轮洗衣机	空调总计
2	销量	25	31	18	17	55	32	54	72
3									

图6-19 SUM 函数举例

2. SUMIF 函数

格式：SUMIF(range,criteria,sum_range)

功能：根据指定条件对若干个单元格求和。

说明：range 表示用于条件判断的单元格区域，即求和的原始区域；criteria 表示进行累加的单元格应满足的条件，用于筛选哪些单元格满足求和条件，可以为数字、表达式或文本；sum_range 表示求和的实际单元格，如果省略，则直接对 range 中的单元格进行求和。

如图 6-20 所示，B2:B21 单元格区域中的内容为"北京冰糖葫芦""驴打滚""稻香村糕点""北京全聚德烤鸭"，C2:C21 单元格区域中的内容为每日各产品的销量，在 F2 单元格中输入函数 SUMIF(B2:B21,"北京冰糖葫芦",C2:C21)，用于计算 B2:B21 单元格区域中内容为"北京冰糖葫芦"的对应的 C2:C21 单元格区域中的销量总和，按照相同的方法，分别在 G2 单元格、H2 单元格、I2 单元格中统计驴打滚、稻香村糕点、北京全聚德烤鸭的总销量。

F2			fx	=SUMIF(B2:B21,"北京冰糖葫芦",C2:C21)					
	A	B	C	D	E	F	G	H	I
1	日期	产品名称	销量		产品名称	北京冰糖葫芦	驴打滚	稻香村糕点	北京全聚德烤鸭
2	2022/10/1	北京冰糖葫芦	14		销量	60	59	63	72
3	2022/10/1	驴打滚	13						
4	2022/10/1	稻香村糕点	15						
5	2022/10/1	北京全聚德烤鸭	10						
6	2022/10/2	北京冰糖葫芦	13						
7	2022/10/2	驴打滚	10						
8	2022/10/2	稻香村糕点	15						
9	2022/10/2	北京全聚德烤鸭	16						
10	2022/10/3	北京冰糖葫芦	13						
11	2022/10/3	驴打滚	10						
12	2022/10/3	稻香村糕点	7						
13	2022/10/3	北京全聚德烤鸭	17						
14	2022/10/4	北京冰糖葫芦	14						
15	2022/10/4	驴打滚	13						
16	2022/10/4	稻香村糕点	12						
17	2022/10/4	北京全聚德烤鸭	15						
18	2022/10/5	北京冰糖葫芦	6						
19	2022/10/5	驴打滚	13						
20	2022/10/5	稻香村糕点	14						
21	2022/10/5	北京全聚德烤鸭	14						

图 6-20　SUMIF 函数举例

3. AVERAGE 函数

格式：AVERAGE(number1,number2,...)

功能：求所有参数的算术平均值。

说明：number1,number2,...表示 1～255 个需要求平均值的参数。

如图 6-21 所示，对 B2:G2 单元格区域中的数据求平均值，并将结果存放到 H2 单元格中。

H2			fx	=AVERAGE(B2:G2)			
	A	B	C	D	E	F	G	H
1	月份	1	2	3	4	5	6	月平均销售额
2	销售额	44431	36986	48365	39556	41365	34691	40899

图 6-21　AVERAGE 函数举例

4. COUNT 函数

格式：COUNT(value1,value2,...)

功能：求所有参数中包含数值的单元格的个数。

说明：value1,value2,...表示 1～255 个参数，可以包含或引用各种不同类型的数据，但只对数值进行计数。

如图 6-22 所示，求 E2:E17 单元格区域中包含数值的单元格的个数，并将结果存放到 E19 单元格中。

	A	B	C	D	E
1	订单编号	买家会员名	购买数量	总金额	买家实际付款金额
2	171243842174096821	疯狂的贝贝	1	221.74	221.74
3	169834882682982136	龙林1in	1	10.88	10.88
4	169101441439412612	t_0714	2	110.88	110.88
5	169444163877166929	静静sky	1	815	订单异常
6	148114196301712191	ching1111	1	38.64	38.64
7	168649661443777127	快到山里来mz000	1	20	20
8	168611201319161331	nishuyuwoi	2	113.8	113.8
9	110848877612110009	tb锐锐45377452	1	11.88	11.88
10	168410722761016672	米兰888892	1	12.8	12.8
11	148407239807992897	tbyu_1508318994	1	118	118
12	168230082704448642	看浮华落尽y	2	56.68	56.68
13	167689312847446082	小白狐	2	88.1	88.1
14	167617281727168379	洋and可心	2	54.08	54.08
15	166870624001002910	小huang	3	183.6	183.6
16	166418048061798212	我爱星星04201	1	12.8	12.8
17	166189376848186430	ying2030503	1	60.75	60.75
18					
19			买家完成付款的订单数		15

E19: =COUNT(E2:E17)

图 6-22 COUNT 函数举例

5. COUNTIF 函数

格式：COUNTIF(range,criteria)

功能：求某个单元格区域中满足指定条件的单元格的个数。

说明：range 表示计算其中非空单元格个数的区域；criteria 表示进行计数的单元格应满足的条件，可以为数字、表达式或文本。

如图 6-23 所示，求 E2:E17 单元格区域中包含数值大于 100 的单元格的个数，并将结果存放到 E19 单元格中。

	A	B	C	D	E
1	订单编号	买家会员名	购买数量	总金额	买家实际付款金额
2	171243842174096821	疯狂的贝贝	1	221.74	221.74
3	169834882682982136	龙林1in	1	10.88	10.88
4	169101441439412612	t_0714	2	110.88	110.88
5	169444163877166929	静静sky	1	815	订单异常
6	148114196301712191	ching1111	1	38.64	38.64
7	168649661443777127	快到山里来mz000	1	20	20
8	168611201319161331	nishuyuwoi	2	113.8	113.8
9	110848877612110009	tb锐锐45377452	1	11.88	11.88
10	168410722761016672	米兰888892	1	12.8	12.8
11	148407239807992897	tbyu_1508318994	1	118	118
12	168230082704448642	看浮华落尽y	2	56.68	56.68
13	167689312847446082	小白狐	2	88.1	88.1
14	167617281727168379	洋and可心	2	54.08	54.08
15	166870624001002910	小huang	3	183.6	183.6
16	166418048061798212	我爱星星04201	1	12.8	12.8
17	166189376848186430	ying2030503	1	60.75	60.75
18					
19			买家完成付款且金额大于100的订单数		5

E19: =COUNTIF(E2:E17,">100")

图 6-23 COUNTIF 函数举例

6. MAX 函数和 MIN 函数

格式：MAX(number1,number2,...)

MIN(number1,number2,...)

功能：分别为返回一组数值中的最大值和最小值。

说明：两个函数中的 number1,number2,...分别表示准备从其中求取最大值和最小值的 1～255 个数值、空单元格、逻辑值或文本。

如图 6-24 所示，统计 E2:E17 单元格区域中的最大值和最小值，并将最大值存放到 E19 单元格中，将最小值存放到 E20 单元格中。

	A	B	C	D	E
	订单编号	买家会员名	购买数量	总金额	买家实际付款金额
2	171243842174096821	疯狂的贝贝	1	221.74	221.74
3	169834882682982136	龙林1in	1	10.88	10.88
4	169101441439412612	t_0714	2	110.88	110.88
5	169444163877166929	静静sky	1	815	订单异常
6	148114196301712191	ching1111	1	38.64	38.64
7	168649661443777127	快到山里来mz000	1	20	20
8	168611201319161331	nishuyuwoi	2	113.8	113.8
9	110848877612110009	tb锐锐45377452	1	11.88	11.88
10	168410722761016672	米兰888892	1	12.8	12.8
11	148407239807992897	tbyu_1508318994	1	118	118
12	168230082704448642	看浮华落尽y	2	56.68	56.68
13	167689312847446082	小白狐	2	88.1	88.1
14	167617281727168379	洋and可心	2	54.08	54.08
15	166870624001002910	小huang	3	183.6	183.6
16	166418048061798212	我爱星星04201	1	12.8	12.8
17	166189376848186430	ying2030503	1	60.75	60.75
18					
19				付款金额最多	221.74
20				付款金额最少	10.88

图 6-24　MAX 函数和 MIN 函数举例

四、数据透视表

数据透视表是一种交互式的表格，是计算、汇总和分析数据的强大工具。使用数据透视表，不仅可以进行数据计算，还可以动态地改变版面布局，任意组合字段。此外，在每一次改变版面布局时，数据透视表会立即按照新布局重新计算数据。

1. 创建数据透视表

步骤 1：选择数据源，单击"插入"选项卡的"表格"功能组中的"数据透视表"按钮，弹出"创建数据透视表"对话框，选择要分析的数据和放置数据透视表的位置，如图 6-25 所示。

图 6-25　选择要分析的数据和放置数据透视表的位置

步骤 2：单击"确定"按钮，Excel 会自动创建一个空白的数据透视表，同时在其右侧展开"数据透视表字段"窗格，将需要汇总的字段拖动至相应的"筛选器"区域、"行"区域、"列"区域、"值"区域，生成报表，如图 6-26 所示。

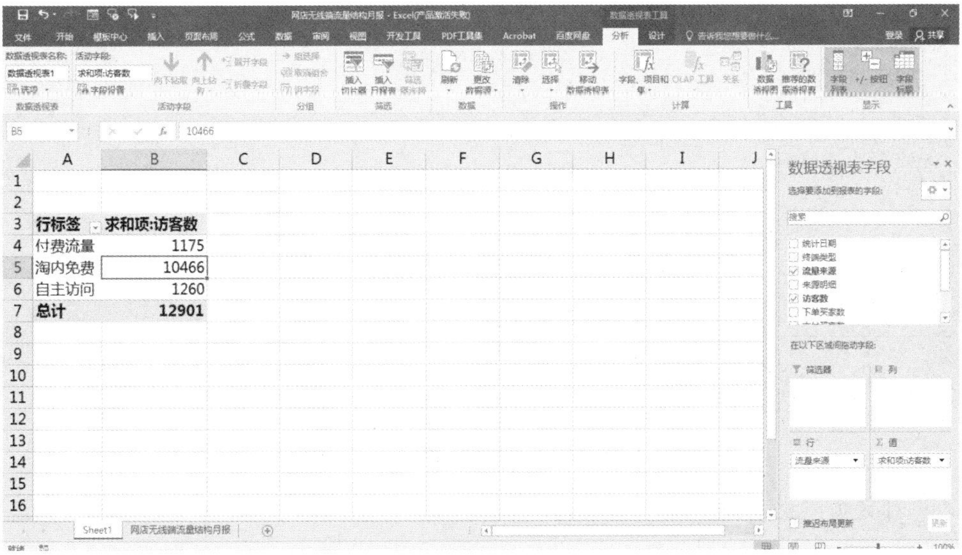

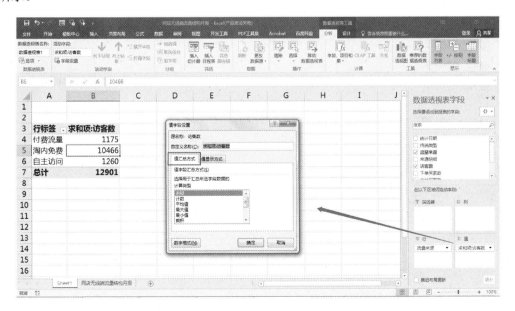

图 6-26 设置数据透视表字段

可以单击"值"区域中需要调整的字段，在弹出的下拉列表中选择"值字段设置"选项，弹出"值字段设置"对话框，在"值汇总方式"选项卡中进行值汇总方式的修改，如图 6-27 所示。同时，可以在"值显示方式"选项卡中进行值显示方式的修改，如图 6-28所示。

图 6-27 修改值汇总方式

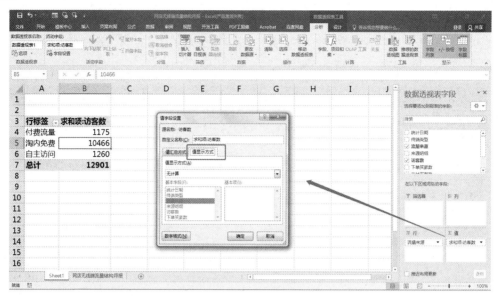

图 6-28 修改值显示方式

2. 对数据透视表进行排序和筛选

前面按照流量来源对访客数进行了汇总，但有时筛选数据量较大，为方便分析，需要对数据透视表中的数据进行排序和筛选。

1）排序

步骤 1：选择数据透视表中各流量来源的访客数中的任意一个并右击，在弹出的快捷菜单中选择"排序"→"降序"命令，如图 6-29 所示。

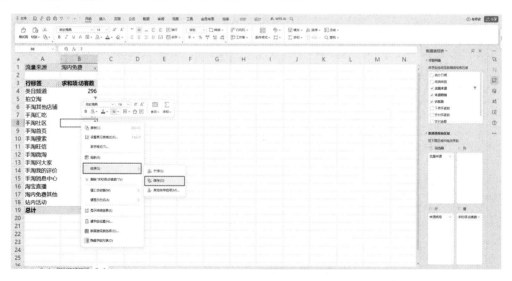

图 6-29 选择"降序"命令

步骤 2：将数据透视表中的数据按各流量来源的访客数进行降序排列。降序后的数据透视表如图 6-30 所示。

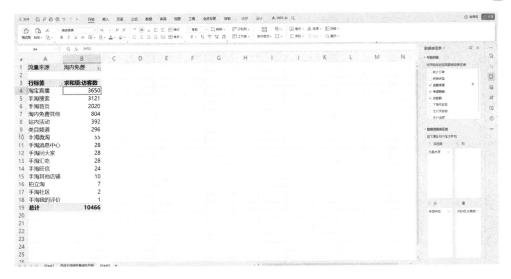

图 6-30　降序后的数据透视表

2）筛选

若要选择"淘内免费"中访客数最大的前 5 项流量来源明细，但不选择排序方式，则此时可以使用筛选功能。

步骤 1：在数据透视表中，单击行标签右下角的下拉按钮，在弹出的下拉列表中选择"值筛选"→"前 10 项"选项，如图 6-31 所示。

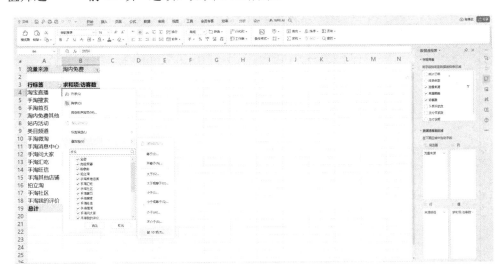

图 6-31　值筛选 1

步骤 2：在弹出的对话框中，默认筛选的是最大的前 10 项，此处可将数值 10 改成 5，如图 6-32 所示。用户可以根据自身需求对数值进行个性化修改，单击"确定"按钮，即可筛选出"淘内免费"中访客数最大的前 5 项流量来源明细。值筛选的结果如图 6-33 所示。

图 6-32　值筛选 2

	A	B
1	流量来源	淘内免费
2		
3	行标签	求和项:访客数
4	淘宝直播	3650
5	手淘搜索	3121
6	手淘首页	2020
7	淘内免费其他	804
8	站内活动	392
9	总计	9987

图 6-33　值筛选的结果

3. 生成数据透视图

如果需要更直观地查看和比较数据透视表中的结果,那么可以使用 Excel 提供的由数据透视表生成的数据透视图。

步骤 1:选择数据透视表中的任意一个单元格,单击"数据透视表工具"栏的"分析"选项卡的"工具"功能组中的"数据透视图"按钮,如图 6-34 所示。

图 6-34　生成数据透视图 1

步骤 2:弹出"插入图表"对话框,在"所有图表"列表中选择一种合适的类型,此处选择"柱形图",并在右侧选择"簇状柱形图",单击"确定"按钮,会自动生成一个数据透视图,如图 6-35 和图 6-36 所示。

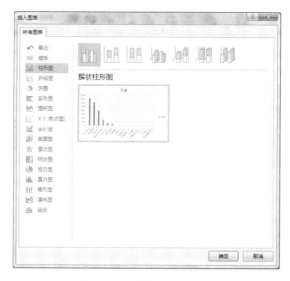

图 6-35 生成数据透视图 2

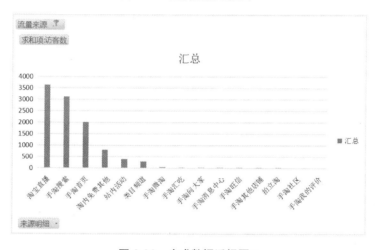

图 6-36 生成数据透视图 3

与普通图表相比，数据透视图的灵活性更高。在数据透视图中，数据系列和图例字段都有下拉列表，可以单击其下拉按钮，在弹出的下拉列表中选择要查看的选项，这时数据透视图会根据所选选项变化成所需要的数据透视图。

4. 插入切片器

插入切片器通常根据现有数据透视表完成，同一个工作表中可以插入多个切片器。插入切片器之后，切片器将和数据透视表一起显示在工作表中，如果有多个切片器，那么会分层显示。下面将在"网店无线端流量结构核心数据.xlsx"工作簿的"流量来源分析"工作表中，根据现有数据透视表插入切片器，具体操作步骤如下。

步骤 1：在"流量来源分析"工作表中选择包含数据的任意一个单元格，单击"数据透视表工具"栏的"分析"选项卡的"筛选"组中的"插入切片器"按钮，如图 6-37 所示。

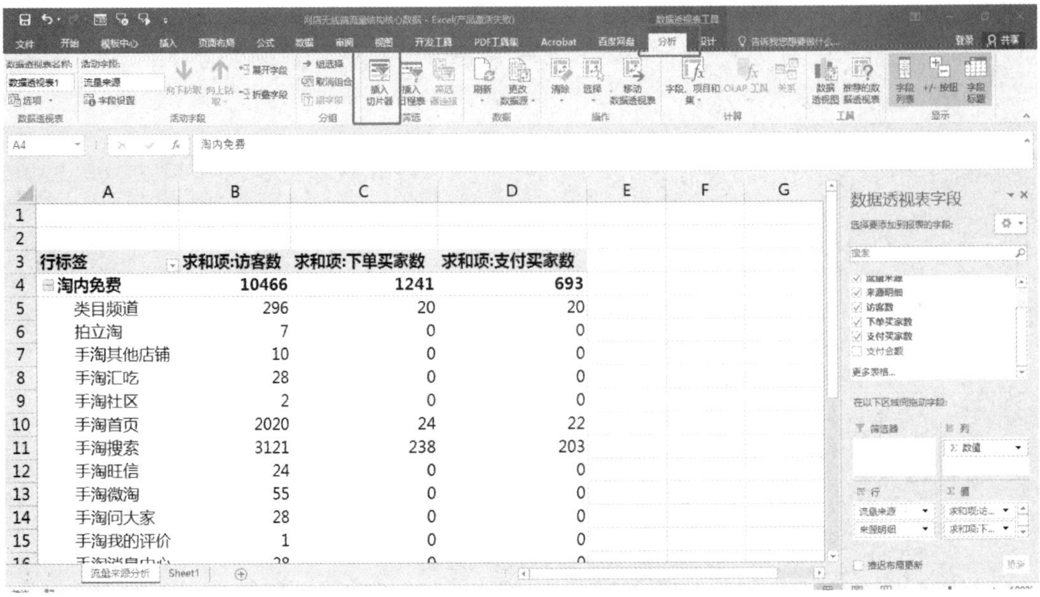

图 6-37　单击"插入切片器"按钮

步骤 2：打开"插入切片器"对话框，勾选"流量来源"复选框，单击"确定"按钮，如图 6-38 所示。

图 6-38　"插入切片器"对话框

步骤 3：此时，将插入"流量来源"切片器，在其中选择"淘内免费"选项，之后将在数据透视表中同步筛选出所有淘内免费数据，如图 6-39 所示。

图 6-39　筛选淘内免费数据

知识链接

一、Excel 提供的函数

Excel 提供了多种类型的函数，可以帮助运营者进行数据分析。通常，函数可以分为关键匹配类、清洗处理类、逻辑运算类、计算统计类、时间序列类 5 种类型。

1. 关键匹配类

1）VLOOKUP 函数

格式：VLOOKUP(lookup_value, table_array, col_index_num, [range_lookup])

功能：在数据表或数组（连续的单元格区域）第 1 列查找指定的数值，并由此返回数据表或数组当前行中指定列的数值。

说明：lookup_value 表示需要在数据表或数组第 1 列中查找的数据，可以为数值、引用或文本字符串；table_array 表示需要查找数据的数据表或数组；col_index_num 表示需要在 table_array 中查找数据的数据列序号，当 col_index_num 为 1 时，返回 table_array 第 1 列的数据；当 col_index_num 为 2 时，返回 table_array 第 2 列的数据，以此类推；range_lookup 为逻辑值，用于指明 VLOOKUP 函数在查找时是精确匹配，还是近似匹配。

2）MATCH 函数

格式：MATCH(lookup_value,lookup_array,match_type)

功能：返回在指定方式下与指定数组匹配的数组元素的相应位置。

说明：lookup_value 可以是数值、引用或文本字符串，表示需要在数据表第 1 列中查找的数据；lookup_array 表示可能包含所要查找的数值的数组；match_type 为-1、0 或 1。

3）RANK 函数

格式：RANK(number,ref,order)

功能：返回 1 个数字在数字列表中的排位。

说明：number 表示需要找到排位的数字；ref 表示数字列表或对数字列表的引用，ref 中的非数值型参数将被忽略；order 表示 1 个数字，用于指明排位的方式。

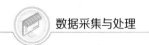

2. 清洗处理类

1）MID 函数

格式：MID(text,start_num,num_chars)

功能：在数据表中用来提取单元格中指定字符的内容。

说明：text 表示要提取单元格中指定字符的文本字符串；start_num 表示文本字符串中要提取的第 1 个字符的位置；num_chars 表示希望 MID 函数从文本字符串中返回字符的个数。

2）LEFT 函数

格式：LEFT(text,num_chars)

功能：基于指定的字符数返回文本字符串中的第 1 个或前几个字符。

说明：text 表示要提取单元格中指定字符的文本字符串；num_chars 表示希望 LEFT 函数提取的字符数，必须大于或等于 0。如果 num_chars 大于文本字符串长度，那么 LEFT 函数返回所有文本字符串；如果省略 num_chars，那么默认 num_chars 为 1。

3）RIGHT 函数

格式：RIGHT(text,num_chars)

功能：根据指定的字符数返回文本字符串中的最后 1 个或多个字符。

说明：text 表示要提取单元格中指定字符的文本字符串；num_chars 表示希望 RIGHT 函数提取的字符数，必须大于或等于 0。如果 num_chars 大于文本字符串长度，那么 RIGHT 函数返回所有文本字符串；如果忽略 num_chars，那么默认 num_chars 为 1。

3. 逻辑运算类

1）OR 函数

格式：OR(logical1,logical2,...)

功能：在参数列表中，只要任何一个参数的逻辑值为 TRUE，就返回 TRUE；只有所有参数的逻辑值均为 FALSE，才返回 FALSE。

说明：logical1,logical2,...表示需要进行检验的 1～30 个条件表达式。参数的值必须为逻辑值（TRUE 或 FALSE），或包含逻辑值的数组（用于建立可生成多个结果或可对在行和列中排列的一组参数进行运算的单个公式，数组元素公用一个公式，数组常量是用作参数的一组常量）。

2）AND 函数

格式：AND(logical1,logical2, ...)

功能：当所有参数的逻辑值都为真时，返回 TRUE；只要一个参数的逻辑值为假，就返回 FALSE。

说明：logical1,logical2,...表示待检测的 1～30 个条件表达式。参数的值必须为逻辑值（TRUE 或 FALSE），或包含逻辑值的数组（用于建立可生成多个结果或可对在行和列中排列的一组参数进行运算的单个公式）或引用。

3）IF 函数

格式：IF(logical_test, value_if_true, [value_if_false])

功能：如果条件为真，那么函数将返回其中一个值；如果条件为假，那么函数将返回另一个值。

说明：logical_test 和 value_if_true 为必填项，value_if_false 为可选项。

4．计算统计类

计算统计类函数有 SUM 函数（求和函数）、SUMIF 函数（条件求和函数）、AVERAGE 函数（求平均值函数）、COUNT 函数（计数函数）、COUNTIF 函数（条件计数函数）、MAX 函数（最大值函数）、MIN 函数（最小值函数）等，前面已介绍，这里不再赘述。

5．时间序列类

1）NOW 函数

格式：NOW()

功能：返回当前日期和时间对应的序列号。如果在输入函数前，单元格的格式为"常规"，那么结果将为日期格式。

说明：NOW 函数只有在重新计算工作表或执行含有自己的宏时才改变，并不会随时更新。

2）WEEKDAY 函数

格式：WEEKDAY(date,return_type)

功能：返回某日期为星期几。在默认情况下，值为 1（星期天）～7（星期六）范围内的整数。

说明：date 表示一个序列号，代表要查找的日期。使用 WEEKDAY 函数可以输入日期，也可以将该日期作为其他公式或函数的结果输入。例如，使用 WEEKDAY(2022,5,23) 即可输入 2022 年 5 月 23 日。如果日期以文本的形式输入，那么会出现问题。return_type 表示确定返回值类型的数字，表示星期天为 1，星期六为 7，默认值为 1（或省略）。

3）DAY 函数

格式：DAY(date)

功能：以序列号表示的某日期的天数，即某月的第几天，用 1～31 范围内的整数表示。

说明：date 表示一个日期的天数，其中包含要查找的日期。使用 DATE 函数可以输入日期，也可以将该日期作为其他公式或函数的结果输入。

二、创建数据透视表的注意事项

（1）若要将某个数据透视表用作其他报表的源数据，则两个报表必须位于同一个工作簿中。如果源数据透视表位于另一个工作簿中，那么需要将源数据透视表复制到新数据透视表的工作簿中。不同工作簿中的数据透视表和数据透视图是独立的，二者在内存和工作簿中都有各自的数据副本。

（2）在刷新新数据透视表中的数据时，Excel 也会更新源数据透视表中的数据，反之亦然。如果对某个数据透视表中的数据进行分组或取消分组，那么将同时影响两个数据透视表。如果在某个数据透视表中创建了计算字段或计算项，那么也将同时影响两个数据透视表。

（3）可以直接基于其他数据透视表创建新数据透视表或数据透视图，但是不能直接基于其他数据透视图创建新数据透视表。不过，每当创建数据透视图时，Excel 都会基于

相同的数据创建一个相关联的数据透视表,对数据透视图所进行的更改将影响相关联的数据透视表,反之亦然。

任务三 数据处理

任务分析

作为一名资深运营者,小王深知采集到的真实数据可能包含大量的缺失值及存在异常,也可能因采集方式、采集工具和采集站点的不同而形式各异,这非常不利于后期的数据计算。由于数据的质量直接决定了数据分析的输出价值,因此小王准备从数据清洗、数据转换、数据排序和数据筛选4个方面入手进行数据处理。

任务实施

一、数据清洗

数据清洗是指将数据表中多余、重复的数据筛选出来并删除,将缺失、不完整的数据填补,将内容、格式错误的数据纠正或剔除的操作。数据清洗是对数据进行重新审查和校验的过程,目的在于提升数据的质量,确保数据的准确性、完整性和一致性。

数据清洗主要包括 5 个部分的内容:缺失值清洗、格式内容清洗、逻辑错误清洗、重复数据清洗及无价值数据清洗。

1. 缺失值清洗

数据缺失是数据表中经常出现的问题,是指数据表中的某个或某些属性的值是不完整的。缺失值产生的原因多种多样,主要有 3 种:一是有些信息无法获取,如在收集客户婚姻状况和工作信息时,未婚人士的配偶的工作单位、学龄前儿童的学校等都是无法获取的信息;二是人为原因导致某些信息被遗漏或删除;三是数据收集或保存失败(如数据存储失败、存储器损坏、机械故障等)造成数据缺失。

缺失值清洗的具体操作步骤如下。

步骤 1:打开原始数据表,选择数据区域,单击"开始"选项卡的"编辑"功能组中的"查找和选择"按钮,在弹出的下拉菜单中选择"定位条件"命令,在弹出的"定位条件"对话框中,选中"空值"单选按钮,单击"确定"按钮,所有空值即可被一次性选中,如图6-40和图6-41所示。

图6-40 选择定位条件

13	NO1044	NMmqu	师新月	138****2923		湖北宜昌	77.8	2022/8/7 10:39	中通快递	2022/8/10 19:03
14	NO1035	nzyho249	言雅德	139****6595	女	安徽阜阳	275.4	2022/8/2 10:07	韵达快递	2022/8/6 20:31
15	NO1040	dxeGEP716	简清翰	189****3330	女	山东淄博	111.3	2022/8/1 13:13	韵达快递	2022/8/3 09:37
16	NO1094	NMmqu67	向芹	155****6632	女	河北秦皇岛	167.5	2022/8/7 12:51	中通快递	2022/8/9 07:50
17	NO1026	ncnc	泰亦竹	158****0237		甘肃兰州	78.7	2022/8/2 14:20	圆通速递	2022/8/6 16:42
18	NO1020	HUIyuan	王友	158****8119	男	江苏南通	154.4	2022/8/6 15:09	韵达快递	2022/8/9 10:45
19	NO1055	mvjRDN	滕问绘	158****6674	男	安徽滁州	309.8	2022/8/3 00:45	韵达快递	2022/8/9 07:26
20	NO1045	jiPNJ80	魏康平	158****5808	男	河北沧州	153.5	2022/8/5 03:30	中通快递	2022/8/7 15:25
21	NO1048	EHGpoa15	卓海骏	150****9929	女	江西九江	80.6	2022/8/5 03:27	圆通速递	2022/8/8 08:29
22	NO1019	fxwfxw	郝永丰	189****2887	男	浙江嘉兴	202	2022/8/1 12:35	圆通速递	2022/8/5 19:06
23	NO1084	fjEAJ	希兰泽	189****7372	男	河北保定	109.5	2022/8/6 09:04	韵达快递	2022/8/9 12:00
24	NO1088	KVJxqe	卢职	177****1017	男	江苏淮安	203.2	2022/8/1 16:28	韵达快递	2022/8/5 16:19
25	NO1100	SGVixt175	麋飞尘	150****0491		浙江金华	145.1	2022/8/2 09:11	韵达快递	2022/8/7 16:35
26	NO1006	bvubvu193	却煜文	138****1309	男	山东济南	245.1	2022/8/7 21:52	韵达快递	2022/8/9 17:08
27	NO1041	UQKTA415	巴元驹	155****6245	男	福建莆田	80.4	2022/8/6 18:07	圆通速递	2022/8/9 17:08
28	NO1115	jqejqe39	杜米雪	138****2179	女	云南昆明	174.4	2022/8/2 07:49	韵达快递	2022/8/5 12:20
29	NO1007	UFKx157	刘静晨	158****5520	男	辽宁大连	176.3	2022/8/5 16:14	韵达快递	2022/8/8 12:37
30	NO1003	gpZBY12	聂念珍	139****4679	女	福建福州	108.9	2022/8/2 02:01	中通快递	2022/8/4 19:13
31	NO1042	iesib74	田举	158****0897	男	广东湛江	143.9	2022/8/6 19:52	圆通速递	2022/8/11 07:59
32	NO1021	qieEIV875	郭问然	150****7530		江西信州	196	2022/8/7 07:07	圆通速递	2022/8/9 12:50
33	NO1002	wcuwcu852	梁幕蓝	177****1576	女	云南昆明	222.2	2022/8/2 22:54	圆通速递	2022/8/5 12:21
34	NO1077	UYjch	厥心远	150****1236	男	黑龙江大庆	92.2	2022/8/2 10:54	韵达快递	2022/8/10 11:16
35	NO1116	NBEfr461	尤文赋	139****8511	男	福建福州	124.9	2022/8/4 05:25	中通快递	2022/8/9 14:54
36	NO1118	qojuz70	袁雨江	158****9650	男	江西南昌	189.9	2022/8/5 13:19	圆通速递	2022/8/9 12:33
37	NO1038	xqeKVJ81	穆雯华	171****7007	女	湖南衡阳	148.2	2022/8/7 23:00	中通快递	2022/8/10 08:49
38	NO1103	ZBYoiu12	尉令锋	177****4832	男	广东中山	141.6	2022/8/2 16:21	韵达快递	2022/8/4 19:13
39	NO1090	dxedxe	廖乐湛	177****1592		山东淄博	131.3	2022/8/2 12:21	中通快递	2022/8/7 15:05
40	NO1083	EHOEHO	万水菱	139****1092	男	山西太原	187.6	2022/8/3 13:04	中通快递	2022/8/5 08:09
41	NO1004	ZGRZGR124	沙玥	189****9730	男	江苏无锡	307.5	2022/8/3 03:19	圆通速递	2022/8/3 08:52
42	NO1053	ZRY7RY	吴襄王	150****1641	男	安徽蚌埠	263.9	2022/8/2 02:08	韵达快递	2022/8/6 11:36

图 6-41　定位结果

步骤 2：定位到空值后，直接输入需要填充的内容，按快捷键 Ctrl+Enter，进行批量填充，即在 E13 单元格中输入"未知"，按快捷键 Ctrl+Enter 即可进行批量填充。缺失值清洗效果如图 6-42 所示。

	会员编号	会员名	姓名	联系电话	性别	收货地址	支付金额	订单创建时间	物流公司	签收时间
2	NO1106	FWbvu40	葡妙柏	177****6447	男	河北廊坊	230.6	2022/8/4 01:53	圆通速递	2022/8/7 10:55
3	NO1066	NDENDE	廖雅诗	155****2242	女	安阳马鞍山	302	2022/8/1 17:05	中通快递	2022/8/3 09:17
4	NO1079	WMZwar46	煨腼骞	155****2440	男	山东济南	106.4	2022/8/4 16:53	韵达快递	2022/8/8 19:14
5	NO1097	qoBPU	明涤	158****9215	男	黑龙江哈尔滨	100.4	2022/8/4 22:51	韵达快递	2022/8/6 20:18
6	NO1056	ZTKbvu193	易新蕾	139****8185	女	山东威海	85.3	2022/8/7 13:26	中通快递	2022/8/11 10:29
7	NO1031	xiyAEB	欧阳迎涵	189****2341	男	广东揭阳	74.5	2022/8/7 08:32	圆通速递	2022/8/12 20:51
8	NO1007	UFKx157	刘静晨	158****5520	男	辽宁大连	176.3	2022/8/5 16:14	韵达快递	2022/8/8 12:37
9	NO1024	JQLZE714	席正思	189****0055	男	广东中山	165.4	2022/8/5 00:05	中通快递	2022/8/8 15:28
10	NO1065	jqeNLI	朴曼珍	177****6163	女	河南周口	100	2022/8/1 02:12	圆通速递	2022/8/4 21:15
11	NO1095	GBPNJ218	邢飞雪	138****5188	女	河南周口	270.3	2022/8/5 04:51	中通快递	2022/8/10 10:50
12	NO1011	QCjnk	姚彭祖	155****9185	男	福建泉州	233.1	2022/8/2 00:45	中通快递	2022/8/8 13:20
13	NO1044	NMmqu	师新月	138****2923	未知	湖北宜昌	77.8	2022/8/7 10:39	中通快递	2022/8/10 19:03
14	NO1035	nzyho249	言雅德	139****6595	女	安徽阜阳	275.4	2022/8/2 10:07	韵达快递	2022/8/6 20:31
15	NO1040	dxeGEP716	简清翰	189****3330	女	山东淄博	111.3	2022/8/1 13:13	韵达快递	2022/8/3 09:37
16	NO1094	NMmqu67	向芹	155****6632	女	河北秦皇岛	167.5	2022/8/7 12:51	中通快递	2022/8/9 07:50
17	NO1026	ncnc	泰亦竹	158****0237	未知	甘肃兰州	78.7	2022/8/2 14:20	圆通速递	2022/8/6 16:42
18	NO1020	HUIyuan	王友	158****8119	男	江苏南通	154.4	2022/8/6 15:09	韵达快递	2022/8/9 10:45
19	NO1055	mvjRDN	滕问绘	158****6674	男	安徽滁州	309.8	2022/8/3 00:45	韵达快递	2022/8/9 07:26
20	NO1045	jiPNJ80	魏康平	158****5808	男	河北沧州	153.5	2022/8/5 03:30	中通快递	2022/8/7 15:25
21	NO1048	EHGpoa15	卓海骏	150****9929	女	江西九江	80.6	2022/8/5 03:27	圆通速递	2022/8/8 08:29
22	NO1019	fxwfxw	郝永丰	189****2887	男	浙江嘉兴	202	2022/8/1 12:35	圆通速递	2022/8/5 19:06
23	NO1084	fjEAJ	希兰泽	189****7372	男	河北保定	109.5	2022/8/6 09:04	韵达快递	2022/8/9 12:00
24	NO1088	KVJxqe	卢职	177****1017	男	江苏淮安	203.2	2022/8/1 16:28	韵达快递	2022/8/5 16:19
25	NO1100	SGVixt175	麋飞尘	150****0491	未知	浙江金华	145.1	2022/8/2 09:11	韵达快递	2022/8/7 16:35
26	NO1006	bvubvu193	却煜文	138****1309	男	山东济南	245.1	2022/8/7 21:52	韵达快递	2022/8/9 17:08
27	NO1041	UQKTA415	巴元驹	155****6245	男	福建莆田	80.4	2022/8/6 18:07	圆通速递	2022/8/9 17:08
28	NO1115	jqejqe39	杜米雪	138****2179	女	云南昆明	174.4	2022/8/2 07:49	韵达快递	2022/8/5 12:20
29	NO1007	UFKx157	刘静晨	158****5520	男	辽宁大连	176.3	2022/8/5 16:14	韵达快递	2022/8/8 12:37

图 6-42　缺失值清洗效果

2.　格式内容清洗

因系统导出渠道或人为输入习惯可能不同，整合得到的原始数据往往不能做到格式统一，内容上也容易出现空格。如图 6-43 所示，"支付金额"列的数据包含整数和小数两种形式，"物流公司"列的字符中间存在空格，需要被修正，具体操作步骤如下。

步骤 1：选择"支付金额"列并右击，在弹出的快捷菜单中选择"设置单元格格式"命令，在弹出的"设置单元格格式"对话框的"数字"选项卡的"分类"列表框中选择"数值"选项，设置"小数位数"为"2"，单击"确定"按钮，如图 6-44 所示。效果如图 6-45 所示。

会员编号	会员名	姓名	联系电话	性别	收货地址	支付金额	订单创建时间	物流公司	签收时间
NO1106	FWbvu40	葡妙柏	177****6447	男	河北廊坊	230.6	2022/8/4 01:53	圆通速递	2022/8/7 10:55
NO1066	NBENBE	廖雅诗	155****2242	女	安徽马鞍山	302	2022/8/1 17:05	中通快递	2022/8/3 09:17
NO1079	WMZwar46	侯鹏霄	155****2440	男	山东济南	106.4	2022/8/4 16:53	圆通速递	2022/8/8 19:14
NO1097	qoBPU	明淼	158****9215	男	黑龙江哈尔滨	100.4	2022/8/4 22:51	韵达快递	2022/8/6 20:18
NO1056	ZTKbvu193	易新薯	139****8185	女	山东威海	85.3	2022/8/7 13:26	中通快递	2022/8/11 10:29
NO1031	xiyAEB	欧阳迎真	189****2341	女	广东揭阳	74.5	2022/8/7 08:32	圆通速递	2022/8/12 20:51
NO1007	UFKx157	刘静晨	158****5520	男	辽宁大连	176.3	2022/8/5 16:14	韵达快递	2022/8/8 12:37
NO1024	JQLZE714	席正思	189****0055	女	广东中山	165.4	2022/8/5 00:05	韵达 快递	2022/8/8 15:28
NO1065	jqeNLI	朴曼珍	177****6163	女	河南周口	100	2022/8/1 02:12	圆通速递	2022/8/4 21:15
NO1095	GBPNJ218	邢飞雪	138****5188	女	河南周口	270.30	2022/8/5 04:51	中通 快递	2022/8/10 10:50
NO1011	QCjnk	姚彭祖	155****9185	男	福建泉州	233.1	2022/8/1 00:45	中通快递	2022/8/8 13:20
NO1044	NMaqu	师新月	138****2923	未知	湖北宜昌	77.88	2022/8/7 10:39	中通快递	2022/8/10 19:03
NO1035	nzyho249	高雅逸	139****6595	女	安徽阜阳	275.4	2022/8/2 10:07	韵达快递	2022/8/6 20:31
NO1040	dxeGEP716	简清佩	189****3330	女	山东淄博	111.3	2022/8/7 14:20	中通快递	2022/8/5 09:37
NO1094	NMaqu67	向芹	155****6632	女	河北秦皇岛	167.5	2022/8/7 12:51	中通快递	2022/8/9 07:50
NO1026	ncnc	秦亦竹	158****0237	未知	甘肃兰州	78.7	2022/8/6 14:20	圆通速递	2022/8/6 16:42
NO1020	HUIyuan	王友	158****8119	男	江苏南通	154.4	2022/8/6 15:09	韵达快递	2022/8/10 10:45
NO1055	mvjRDN	滕问丝	158****6674	女	安徽滁州	309.8	2022/8/3 00:45	中通快递	2022/8/8 07:26
NO1045	jiPNJ80	魏康平	158****5808	男	河北沧州	153.5	2022/8/5 03:30	中通快递	2022/8/7 15:25
NO1048	EHGpoa15	卓海颖	158****9929	女	江西九江	80.6	2022/8/1 12:35	中通速递	2022/8/8 08:29
NO1019	fxwfxw	郝承丰	189****2887	男	浙江嘉兴	202	2022/8/1 12:35	圆通速递	2022/8/5 19:06
NO1084	fjEAJ	希兰泽	189****7372	男	河北保定	109.5	2022/8/6 09:04	圆通速递	2022/8/12 12:00
NO1088	KVJxqe	卢职	177****1017	男	江苏淮安	203.2	2022/8/1 16:28	韵达快递	2022/8/6 16:19
NO1100	SGVixt175	糜飞尘	150****0491	未知	浙江金华	145.1	2022/8/2 09:11	中通快递	2022/8/7 16:35
NO1006	bvubvu193	叔般文	138****1309	男	山东济南	245.1	2022/8/7 21:52	韵达快递	2022/8/6 12:15
NO1041	UQKTA415	巴元驹	155****6245	男	福建莆田	80.4	2022/8/6 18:07	圆通速递	2022/8/9 17:08
NO1115	jqejqe39	杜米雪	138****2179	女	云南昆明	174.4	2022/8/2 07:49	中通快递	2022/8/5 12:20
NO1007	UFKx157	刘静晨	158****5520	男	辽宁大连	176.3	2022/8/5 16:14	韵达快递	2022/8/8 12:37

图 6-43　原始数据

图 6-44　"设置单元格格式"对话框

会员编号	会员名	姓名	联系电话	性别	收货地址	支付金额	订单创建时间	物流公司	签收时间
NO1106	FWbvu40	葡妙柏	177****6447	男	河北廊坊	230.60	2022/8/4 01:53	圆通速递	2022/8/7 10:55
NO1066	NBENBE	廖雅诗	155****2242	女	安徽马鞍山	302.00	2022/8/1 17:05	中通快递	2022/8/3 09:17
NO1079	WMZwar46	侯鹏霄	155****2440	男	山东济南	106.40	2022/8/4 16:53	圆通速递	2022/8/8 19:14
NO1097	qoBPU	明淼	158****9215	男	黑龙江哈尔滨	100.40	2022/8/4 22:51	韵达快递	2022/8/6 20:18
NO1056	ZTKbvu193	易新薯	139****8185	女	山东威海	85.30	2022/8/7 13:26	中通快递	2022/8/11 10:29
NO1031	xiyAEB	欧阳迎真	189****2341	女	广东揭阳	74.50	2022/8/7 08:32	圆通速递	2022/8/12 20:51
NO1007	UFKx157	刘静晨	158****5520	男	辽宁大连	176.30	2022/8/5 16:14	韵达快递	2022/8/8 12:37
NO1024	JQLZE714	席正思	189****0055	女	广东中山	165.40	2022/8/5 00:05	韵达 快递	2022/8/8 15:28
NO1065	jqeNLI	朴曼珍	177****6163	女	河南周口	100.00	2022/8/1 02:12	圆通速递	2022/8/4 21:15
NO1095	GBPNJ218	邢飞雪	138****5188	女	河南周口	270.30	2022/8/5 04:51	中通 快递	2022/8/10 10:50
NO1011	QCjnk	姚彭祖	155****9185	男	福建泉州	233.10	2022/8/1 00:45	中通快递	2022/8/8 13:20
NO1044	NMaqu	师新月	138****2923	未知	湖北宜昌	77.88	2022/8/7 10:39	中通快递	2022/8/10 19:03
NO1035	nzyho249	高雅逸	139****6595	女	安徽阜阳	275.40	2022/8/2 10:07	韵达快递	2022/8/6 20:31
NO1040	dxeGEP716	简清佩	189****3330	女	山东淄博	111.30	2022/8/7 14:20	中通快递	2022/8/5 09:37
NO1094	NMaqu67	向芹	155****6632	女	河北秦皇岛	167.50	2022/8/7 12:51	中通快递	2022/8/9 07:50
NO1026	ncnc	秦亦竹	158****0237	未知	甘肃兰州	78.70	2022/8/6 14:20	圆通速递	2022/8/6 16:42
NO1020	HUIyuan	王友	158****8119	男	江苏南通	154.40	2022/8/6 15:09	韵达快递	2022/8/10 10:45
NO1055	mvjRDN	滕问丝	158****6674	女	安徽滁州	309.80	2022/8/3 00:45	中通快递	2022/8/8 07:26
NO1045	jiPNJ80	魏康平	158****5808	男	河北沧州	153.50	2022/8/5 03:30	中通快递	2022/8/7 15:25
NO1048	EHGpoa15	卓海颖	158****9929	女	江西九江	80.60	2022/8/1 12:35	中通速递	2022/8/8 08:29
NO1019	fxwfxw	郝承丰	189****2887	男	浙江嘉兴	202.00	2022/8/1 12:35	圆通速递	2022/8/5 19:06
NO1084	fjEAJ	希兰泽	189****7372	男	河北保定	109.50	2022/8/6 09:04	圆通速递	2022/8/5 12:00
NO1088	KVJxqe	卢职	177****1017	男	江苏淮安	203.20	2022/8/1 16:28	韵达快递	2022/8/6 16:19
NO1100	SGVixt175	糜飞尘	150****0491	未知	浙江金华	145.10	2022/8/2 09:11	中通快递	2022/8/7 16:35
NO1006	bvubvu193	叔般文	138****1309	男	山东济南	245.10	2022/8/7 21:52	韵达快递	2022/8/9 12:15
NO1041	UQKTA415	巴元驹	155****6245	男	福建莆田	80.40	2022/8/6 18:07	圆通速递	2022/8/9 17:08
NO1115	jqejqe39	杜米雪	138****2179	女	云南昆明	174.40	2022/8/2 07:49	中通快递	2022/8/5 12:20
NO1007	UFKx157	刘静晨	158****5520	男	辽宁大连	176.30	2022/8/5 16:14	韵达快递	2022/8/8 12:37

图 6-45　格式内容清洗效果 1

步骤2："物流公司"列的字符中的空格可以使用"替换"功能一次性批量地去除。选择数据区域，单击"开始"选项卡的"编辑"功能组中的"查找和选择"按钮，在弹出的下拉菜单中选择"替换"命令，在弹出的"查找和替换"对话框的"查找内容"文本框中输入一个空格，单击"全部替换"按钮，即可将空格全部删除，效果如图 6-46 所示。

	A	B	C	D	E	F	G	H	I	J
1	会员编号	会员名	姓名	联系电话	性别	收货地址	支付金额	订单创建时间	物流公司	签收时间
2	NO1106	FWbvu40	葡玲柏	177****6447	男	河北唐坊	230.60	2022/8/4 01:53	圆通速递	2022/8/7 10:55
3	NO1066	NBENBE	廖雅诗	155****2242	女	安徽马鞍山	302.00	2022/8/1 17:05	中通快递	2022/8/3 09:17
4	NO1079	WMZwar46	佟黎寰	155****2440	男	山东济南	106.40	2022/8/4 16:53	圆通速递	2022/8/8 19:14
5	NO1097	qoBPU	明淼	158****9215	男	黑龙江哈尔滨	106.40	2022/8/4 22:51	韵达快递	2022/8/6 20:18
6	NO1056	ZTKbvu193	易新蕾	139****8185	女	山东威海	95.30	2022/8/7 13:26	中通快递	2022/8/11 10:29
7	NO1031	xiyAEB	欧阳真真	189****2341	女	广东汕头				
8	NO1007	UFKx157	刘静晨	158****5520	男	辽宁大连				
9	NO1024	JQLZE714	席正思	189****0055	女	广东汕头				
10	NO1065	jqeNLI	朴曼珍	177****6163	女	河南南阳				
11	NO1095	GBPNJ218	邢飞雪	138****5188	女	河南商丘				
12	NO1011	QCjnk	姚彩相	155****9185	男	福建泉州				
13	NO1044	NMaqu	师新月	138****2923	未知	湖北宜昌				
14	NO1035	nzyho249	富雅澳	139****6595	女	安徽阜阳				
15	NO1040	dxeGEP716	润清颜	189****3330	女	山东淄博				
16	NO1094	NMaqu67	向卉	158****6632	女	河北衡水皇岛				
17	NO1026	ncnc	泰亦竹	158****0237	未知	甘肃兰州				
18	NO1020	NJIyuan	王友	158****8119	男	江苏南通				
19	NO1055	mvjRDN	郦间丝	158****6674	女	安徽滁州				
20	NO1045	jiPNJ80	麴康平	155****5808	男	河北沧州	153.50	2022/8/2 03:01	圆通速递	2022/8/5 08:47
21	NO1048	EHGpoa15	卓海颖	150****9929	女	江西九江	80.60	2022/8/5 03:27	韵达快递	2022/8/8 08:29
22	NO1019	fxwfxw	郝永丰	189****2887	男	浙江嘉兴	202.00	2022/8/2 06:42	圆通速递	2022/8/5 19:06
23	NO1084	fjEAJ	靳兰泽	189****7372	男	河北保定	109.50	2022/8/6 09:04	韵达快递	2022/8/7 12:00
24	NO1088	KVJxqe	卢宏	177****1017	男	江苏淮安	203.20	2022/8/1 16:28	韵达快递	2022/8/6 18:03
25	NO1100	SGVixt175	麋飞尘	150****0491	未知	浙江金华	145.10	2022/8/2 09:11	韵达快递	2022/8/7 16:35
26	NO1006	bvubvu193	霰绽文	138****1309	男	山东济南	245.10	2022/8/1 21:52	圆通速递	2022/8/9 17:08
27	NO1041	UQKT&415	巴元驹	155****6245	男	福建莆田	80.40	2022/8/6 18:07	圆通速递	2022/8/8 19:30
28	NO1115	jqejqe39	杜水雪	188****2179	女	云南昆明	174.40	2022/8/2 07:49	中通快递	2022/8/5 12:20
29	NO1007	UFKx157	刘静晨	158****5520	男	辽宁大连	176.30	2022/8/8 16:14	韵达快递	2022/8/8 12:37

图 6-46　格式内容清洗效果 2

3. 逻辑错误清洗

逻辑错误即因违反逻辑规律的要求和逻辑规则而产生的错误，一般使用逻辑推理可以发现。

逻辑错误一般分为以下 3 种。

（1）数据不合理，如客户的年龄为 500 岁，或消费金额为-100 元。

（2）数据自相矛盾，如客户的出生年份是 1980 年，但在 2024 年客户的年龄显示为 18 岁。

（3）数据不符合规则，如限购 1 件产品，客户的购买数量却为 3。

北京特产专营店上新一种茯苓饼，并推出优惠试吃活动，每人限购 1 件。图 6-47 所示为其运营者导出的茯苓饼订单表。下面将以该订单表中的数据为例，介绍逻辑错误清洗的具体操作步骤。

	A	B	C	D	E	F	G	H	I	J	K
1	订单编号	产品名称	购买单价	购买数量	支付金额	订单状态	买家留言	运送方式	订单创建时间	物流单号	签收时间
2	1002119	限购1件北京特产茯苓饼多口味混装	9.9	1	9.9	交易成功	null	快递	2022/8/4 01:53	No：430067382	2022/8/7 10:55
3	1002015	限购2件北京特产茯苓饼多口味混装	9.9	1	9.9	交易成功	null	快递	2022/8/1 17:05	No：430063422	2022/8/3 09:17
4	1002100	限购3件北京特产茯苓饼多口味混装	9.9	1	9.9	交易成功	null	快递	2022/8/4 22:51	No：432254212	2022/8/3 19:14
5	1002023	限购4件北京特产茯苓饼多口味混装	9.9	1	9.9	交易成功	null	快递	2022/8/4 22:51	No：423413897	2022/8/6 20:18
6	1002028	限购5件北京特产茯苓饼多口味混装	9.9	2	19.8	交易成功	null	快递	2022/8/7 13:26	No：432333232	2022/8/11 10:29
7	1002024	限购6件北京特产茯苓饼多口味混装	9.9	1	9.9	交易成功	null	快递	2022/8/7 08:32	No：434228972	2022/8/12 20:51
8	1002071	限购7件北京特产茯苓饼多口味混装	9.9	1	9.9	交易成功	尽快发货	快递	2022/8/5 16:14	No：430067388	2022/8/8 12:37
9	1002109	限购8件北京特产茯苓饼多口味混装	9.9	3	29.7	交易成功	null	快递	2022/8/5 00:05	No：431786878	2022/8/4 08:29
10	1002077	限购9件北京特产茯苓饼多口味混装	9.9	1	9.9	交易成功	null	快递	2022/8/2 02:12	No：437678872	2022/8/4 21:15
11	1002014	限购10件北京特产茯苓饼多口味混装	9.9	2	19.8	交易成功	null	快递	2022/8/5 04:51	No：430067391	2022/8/10 10:50
12	1002034	限购11件北京特产茯苓饼多口味混装	9.9	1	9.9	交易成功	null	快递	2022/8/5 00:45	No：478777772	2022/8/6 18:18
13	1002087	限购12件北京特产茯苓饼多口味混装	9.9	1	9.9	交易成功	null	快递	2022/8/7 10:39	No：423337897	2022/8/10 19:03
14	1002010	限购13件北京特产茯苓饼多口味混装	9.9	1	-9.9	交易成功	null	快递	2022/8/2 10:07	No：430043227	2022/8/6 20:31
15	1002084	限购14件北京特产茯苓饼多口味混装	9.9	1	9.9	交易成功	null	快递	2022/8/1 13:13	No：432386686	2022/8/5 09:37
16	1002130	限购15件北京特产茯苓饼多口味混装	9.9	1	9.9	交易成功	null	快递	2022/8/7 12:51	No：432222338	2022/8/5 07:50

图 6-47　茯苓饼订单表

步骤1：由于茯苓饼限购1件，因此需要将购买数量大于1的数据标注出来。选择"购买数量"列，单击"开始"选项卡的"样式"功能组中的"条件格式"按钮，在弹出的下拉菜单中选择"突出显示单元格规则"→"大于"命令，在弹出的"大于"对话框左侧的文本框中输入"1"，单击"确定"按钮，即可将错误数据标注出来，如图6-48和图6-49所示。

图6-48　"大于"对话框

	A	B	C	D	E	F	G	H	I	J	K
1	订单编号	产品名称	购买单价	购买数量	支付金额	订单状态	买家留言	运送方式	订单创建时间	物流单号	签收时间
2	1002119	限购1件北京特产茯苓饼多口味混装	9.9	1	9.9	交易成功	null	快递	2022/8/4 01:53	No: 430067382	2022/8/7 10:55
3	1002015	限购2件北京特产茯苓饼多口味混装	9.9	1	9.9	交易成功	null	快递	2022/8/1 17:05	No: 430063422	2022/8/3 09:17
4	1002100	限购3件北京特产茯苓饼多口味混装	9.9	1	9.9	交易成功	null	快递	2022/8/4 16:53	No: 432234212	2022/8/8 19:14
5	1002023	限购4件北京特产茯苓饼多口味混装	9.9	1	9.9	交易成功	null	快递	2022/8/4 22:51	No: 423413897	2022/8/6 20:18
6	1002028	限购5件北京特产茯苓饼多口味混装	9.9	2	19.8	交易成功	null	快递	2022/8/7 13:26	No: 432333232	2022/8/11 10:29
7	1002024	限购6件北京特产茯苓饼多口味混装	9.9	1	9.9	交易成功	null	快递	2022/8/7 08:32	No: 434228972	2022/8/12 20:51
8	1002071	限购7件北京特产茯苓饼多口味混装	9.9	1	9.9	交易成功	尽快发货	快递	2022/8/5 16:14	No: 430067388	2022/8/8 12:37
9	1002109	限购8件北京特产茯苓饼多口味混装	9.9	3	29.7	交易成功	null	快递	2022/8/5 00:05	No: 431786878	2022/8/8 15:28
10	1002077	限购9件北京特产茯苓饼多口味混装	9.9	1	9.9	交易成功	null	快递	2022/8/1 02:12	No: 437678872	2022/8/4 21:15
11	1002014	限购10件北京特产茯苓饼多口味混装	9.9	2	19.8	交易成功	null	快递	2022/8/5 04:51	No: 430067391	2022/8/10 10:50
12	1002034	限购11件北京特产茯苓饼多口味混装	9.9	1	9.9	交易成功	null	快递	2022/8/5 00:45	No: 478777772	2022/8/8 13:20
13	1002087	限购12件北京特产茯苓饼多口味混装	9.9	1	9.9	交易成功	null	快递	2022/8/7 10:39	No: 423337897	2022/8/10 19:03
14	1002010	限购13件北京特产茯苓饼多口味混装	9.9	1	-9.9	交易成功	null	快递	2022/8/2 10:07	No: 430043227	2022/8/6 20:31
15	1002084	限购14件北京特产茯苓饼多口味混装	9.9	1	9.9	交易成功	null	快递	2022/8/1 13:13	No: 432386686	2022/8/5 09:37
16	1002130	限购15件北京特产茯苓饼多口味混装	9.9	1	9.9	交易成功	null	快递	2022/8/7 12:51	No: 432222338	2022/8/5 07:50

图6-49　标注"购买数量"列中的错误数据

步骤2：尽管在付款时可能会使用优惠券或红包，但支付金额仍不会为负数。因此，选择"支付金额"列，单击"开始"选项卡的"样式"功能组中的"条件格式"按钮，在弹出的下拉菜单中选择"突出显示单元格规则"→"小于"命令，在弹出的"小于"对话框左侧的文本框中输入"0"，单击"确定"按钮，即可将错误数据标注出来，如图6-50所示。

	A	B	C	D	E	F	G	H	I	J	K
1	订单编号	产品名称	购买单价	购买数量	支付金额	订单状态	买家留言	运送方式	订单创建时间	物流单号	签收时间
2	1002119	限购1件北京特产茯苓饼多口味混装	9.9	1	9.9	交易成功	null	快递	2022/8/4 01:53	No: 430067382	2022/8/7 10:55
3	1002015	限购2件北京特产茯苓饼多口味混装	9.9	1	9.9	交易成功	null	快递	2022/8/1 17:05	No: 430063422	2022/8/3 09:17
4	1002100	限购3件北京特产茯苓饼多口味混装	9.9	1	9.9	交易成功	null	快递	2022/8/4 16:53	No: 432234212	2022/8/8 19:14
5	1002023	限购4件北京特产茯苓饼多口味混装	9.9	1	9.9	交易成功	null	快递	2022/8/4 22:51	No: 423413897	2022/8/6 20:18
6	1002028	限购5件北京特产茯苓饼多口味混装	9.9	2	19.8	交易成功	null	快递	2022/8/7 13:26	No: 432333232	2022/8/11 10:29
7	1002024	限购6件北京特产茯苓饼多口味混装	9.9	1	9.9						2022/8/12 20:51
8	1002071	限购7件北京特产茯苓饼多口味混装	9.9	1	9.9						2022/8/8 12:37
9	1002109	限购8件北京特产茯苓饼多口味混装	9.9	3	29.7	为小于以下值的单元格设置格式：					2022/8/8 15:28
10	1002077	限购9件北京特产茯苓饼多口味混装	9.9	1	9.9	0		设置为	浅红填充色深红色文本		2022/8/4 21:15
11	1002014	限购10件北京特产茯苓饼多口味混装	9.9	2	19.8				确定	取消	2022/8/10 10:50
12	1002034	限购11件北京特产茯苓饼多口味混装	9.9	1	9.9						2022/8/8 13:20
13	1002087	限购12件北京特产茯苓饼多口味混装	9.9	1	9.9	交易成功	null	快递	2022/8/7 10:39	No: 423337897	2022/8/10 19:03
14	1002010	限购13件北京特产茯苓饼多口味混装	9.9	1	-9.9	交易成功	null	快递	2022/8/2 10:07	No: 430043227	2022/8/6 20:31
15	1002084	限购14件北京特产茯苓饼多口味混装	9.9	1	9.9	交易成功	null	快递	2022/8/1 13:13	No: 432386686	2022/8/5 09:37
16	1002130	限购15件北京特产茯苓饼多口味混装	9.9	1	9.9	交易成功	null	快递	2022/8/7 12:51	No: 432222338	2022/8/5 07:50

图6-50　标注"支付金额"列中的错误数据

步骤3：除此之外，签收时间应晚于订单创建时间，否则该条数据便属于错误数据。选择"签收时间"列，单击"开始"选项卡的"样式"功能组中的"条件格式"按钮，在弹出的下拉菜单中选择"突出显示单元格规则"→"其他规则"命令，在弹出的"新建格式规则"对话框的"选择规则类型"列表框中选择"使用公式确定要设置格式的单元格"选项，在"编辑规则说明"选项组的"为符合此公式的值设置格式"文本框中输入"=K1<I1"，并设置背景色为蓝色，单击"确定"按钮，即可将错误数据标注出来，如图 6-51 和图 6-52 所示。

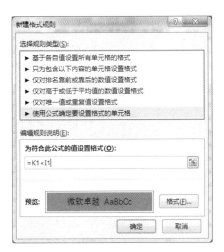

图 6-51 "新建格式规则"对话框

	A	B	C	D	E	F	G	H	I	J	K
1	订单编号	产品名称	购买单价	购买数量	支付金额	订单状态	买家留言	运送方式	订单创建时间	物流单号	签收时间
2	1002119	限购1件北京特产荞饼多口味混装	9.9	1	9.9	交易成功	null	快递	2022/8/4 01:53	No: 430067382	2022/8/7 10:55
3	1002015	限购2件北京特产荞饼多口味混装	9.9	1	9.9	交易成功	null	快递	2022/8/1 17:05	No: 430063422	2022/8/3 09:17
4	1002100	限购3件北京特产荞饼多口味混装	9.9	1	9.9	交易成功	null	快递	2022/8/4 16:53	No: 432234212	2022/8/8 19:14
5	1002023	限购4件北京特产荞饼多口味混装	9.9	1	9.9	交易成功	null	快递	2022/8/4 22:51	No: 423413897	2022/8/6 20:18
6	1002028	限购5件北京特产荞饼多口味混装	9.9	2	19.8	交易成功	null	快递	2022/8/1 13:26	No: 432333232	2022/8/11 10:29
7	1002024	限购6件北京特产荞饼多口味混装	9.9	1	9.9	交易成功	null	快递	2022/8/7 08:32	No: 434228972	2022/8/12 20:51
8	1002071	限购7件北京特产荞饼多口味混装	9.9	1	9.9	交易成功	尽快发货	快递	2022/8/5 16:14	No: 430067388	2022/8/8 12:37
9	1002109	限购8件北京特产荞饼多口味混装	9.9	3	29.7	交易成功	null	快递	2022/8/5 00:05	No: 431786878	2022/8/8 15:28
10	1002077	限购9件北京特产荞饼多口味混装	9.9	1	9.9	交易成功	null	快递	2022/8/1 02:12	No: 437678872	2022/8/4 21:15
11	1002014	限购10件北京特产荞饼多口味混装	9.9	2	19.8	交易成功	null	快递	2022/8/5 04:51	No: 430067391	2022/8/10 10:50
12	1002034	限购11件北京特产荞饼多口味混装	9.9	1	9.9	交易成功	null	快递	2022/8/5 00:45	No: 478777772	2022/8/8 13:20
13	1002087	限购12件北京特产荞饼多口味混装	9.9	1	9.9	交易成功	null	快递	2022/8/7 10:39	No: 423337897	2022/8/10 19:03
14	1002010	限购13件北京特产荞饼多口味混装	9.9	1	-9.9	交易成功	null	快递	2022/8/2 10:07	No: 430043227	2022/8/6 20:31
15	1002084	限购14件北京特产荞饼多口味混装	9.9	1	9.9	交易成功	null	快递	2022/8/1 13:13	No: 432386686	2022/8/5 09:37
16	1002130	限购15件北京特产荞饼多口味混装	9.9	1	9.9	交易成功	null	快递	2022/8/7 12:51	No: 432222338	2022/8/5 07:50

图 6-52 标注"签收时间"列中的错误数据

4. 重复数据清洗

重复数据，顾名思义就是被重复、多次记录的数据。由于出现重复数据会影响数据处理结果的正确性，从而导致数据分析出现偏差，因此需要将其删除。

1）查找重复数据

删除重复数据前，首先应该查找重复数据，一般采用函数法、高级筛选法、条件格式法实现。

（1）函数法。

使用 COUNTIF 函数，可以对指定单元格区域中满足指定条件的单元格进行计数，并以此对重复数据进行识别。

图 6-53 所示为使用 COUNTIF 函数查找"会员信息表"工作表中重复数据的效果，

其中，"辅助列"列中大于"1"的数据就表示重复数据。

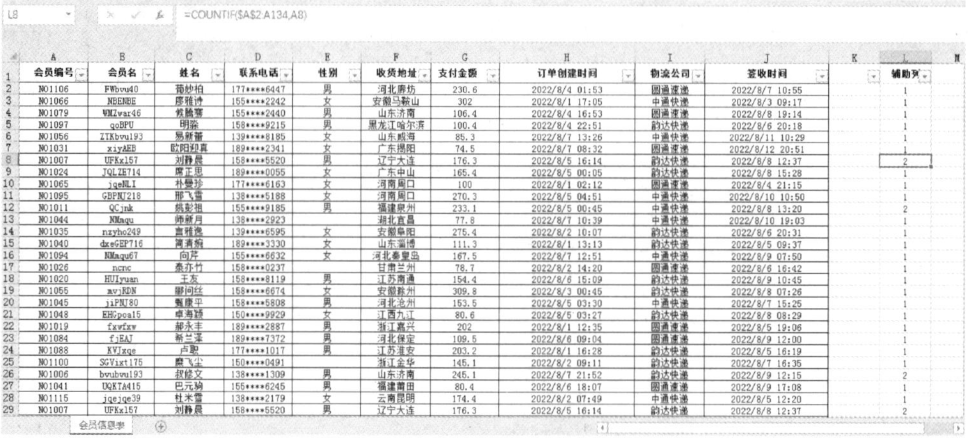

图 6-53　使用 COUNTIF 函数查找重复数据的效果

（2）高级筛选法。

使用高级筛选法，可以快速查找并删除大量重复数据。首先，打开带有重复数据的工作簿。其次，单击"数据"选项卡的"排序和筛选"功能组中的"高级"按钮，打开"高级筛选"对话框，如图 6-54 所示。在"高级筛选"对话框中设置筛选结果的存放位置、参与筛选的数据区域和筛选条件等。再次，勾选"选择不重复的记录"复选框。最后，单击"确定"按钮。此时，即可在查找重复数据的同时自动删除重复数据。删除重复数据的效果如图 6-55 所示。

（3）条件格式法。

在使用 Excel 处理数据时，要突出所选单元格区域中的重复数据，可以使用"条件格式"下拉菜单中的"突出显示单元格规则"→"重复值"命令实现。首先，在工作表中选择要突出重复数据的单元格区域。其次，单击"开始"选项卡的"样式"功能组中的"条件格式"按钮，在弹出的下拉菜单中选择"突出显示单元格规则"→"重复值"命令，如图 6-56 所示。

图 6-54　"高级筛选"对话框

	A	B	C	D	E	F	G	H	I	J
1	会员编号	会员名	姓名	联系电话	性别	收货地址	支付金额	订单创建时间	物流公司	签收时间
2	NO1106	FWbvu40	葡妙柏	177****6447	男	河北廊坊	230.6	2022/8/4 01:53	圆通快递	2022/8/7 10:55
3	NO1066	NBENBE	廖雅诗	155****2242	女	安徽马鞍山	302	2022/8/3 17:05	中通快递	2022/8/3 09:17
4	NO1079	WMZwar46	倪腾霄	155****2440	男	山东济南	106.4	2022/8/4 16:53	圆通快递	2022/8/8 19:14
5	NO1097	qoBPU	明淼	158****9215	男	黑龙江哈尔滨	100.4	2022/8/4 22:51	韵达快递	2022/8/6 20:18
6	NO1056	ZTKbvu193	易容蕾	139****8185	女	山东威海	85.3	2022/8/7 13:26	中通快递	2022/8/11 10:29
7	NO1031	xiyAEB	欧阳迎真	189****2341	女	广东揭阳	74.5	2022/8/7 08:32	圆通快递	2022/8/12 20:51
8	NO1007	UFKx157	刘静員	158****5520	男	辽宁大连	176.3	2022/8/5 16:14	韵达快递	2022/8/8 12:37
9	NO1024	JQLZE714	常正思	189****0055	女	广东中山	165.4	2022/8/5 00:05	韵达快递	2022/8/8 15:28
10	NO1065	jqeNLI	朴曼珍	177****6163	女	河南周口	100	2022/8/1 02:12	圆通快递	2022/8/8 21:15
11	NO1095	GBPNJ218	邢飞雪	138****5188	女	河南周口	270.3	2022/8/5 04:51	中通快递	2022/8/10 10:50
12	NO1011	QCjnk	姚彭周	155****9185	男	福建泉州	233.1	2022/8/5 00:45	中通快递	2022/8/8 13:20
13	NO1044	NMaqu	师颖月	138****2923	男	湖北宜昌	77.8	2022/8/7 10:39	中通快递	2022/8/10 19:03
14	NO1035	nzyho249	富雅德	139****6595	女	安徽阜阳	275.4	2022/8/2 10:07	韵达快递	2022/8/5 20:31
15	NO1040	dxeGEP716	简清微	189****3330	女	山东淄博	111.3	2022/8/1 13:13	韵达快递	2022/8/5 09:37
16	NO1094	NMaqu67	向芹	155****6632	女	河北秦皇岛	167.5	2022/8/7 12:51	圆通快递	2022/8/7 07:50
17	NO1026	ncnc	泰芬竹	158****0237		甘肃兰州	78.7	2022/8/2 14:20	圆通快递	2022/8/8 16:42
18	NO1020	HUIyuan	王友	159****9119	男	江苏南通	164.4	2022/8/6 15:09	韵达快递	2022/8/8 10:45
19	NO1055	mvjRDN	顾问丝	158****6674	女	安徽滁州	309.8	2022/8/3 00:45	韵达快递	2022/8/8 07:26
20	NO1045	jiPNJ80	魏康平	158****5808	男	河北沧州	153.5	2022/8/5 03:30	中通快递	2022/8/7 15:25
21	NO1048	EHGpoa15	卓海锦	150****9929	女	江西九江	80.6	2022/8/5 03:27	圆通快递	2022/8/8 03:19
22	NO1019	fxwfxw	郝永丰	189****2887	男	浙江嘉兴	202	2022/8/7 12:35	圆通快递	2022/8/5 19:06
23	NO1084	fjEAJ	希兰萍	189****7372	男	河北保定	109.5	2022/8/6 09:04	圆通快递	2022/8/9 12:00
24	NO1088	KVJxqe	卢彤	177****1017	男	江苏淮安	203.2	2022/8/1 16:28	韵达快递	2022/8/5 16:19
25	NO1100	SGVixt175	慕飞尘	150****0491	男	浙江金华	145.1	2022/8/2 09:11	韵达快递	2022/8/9 16:35
26	NO1006	bvubvu193	赵绥文	138****1309	男	山东济南	245.1	2022/8/7 21:52	圆通快递	2022/8/9 12:15
27	NO1041	UQKTA415	巴元翰	155****6245	男	福建莆田	80.4	2022/8/6 18:07	圆通快递	2022/8/9 17:08
28	NO1115	jqeiqe39	杜木雪	138****2179	女	云南昆明	174.4	2022/8/2 07:49	中通快递	2022/8/5 12:20
29	NO1003	gpZBY12	聂金珍	139****4679	女	福建福州	108.9	2022/8/2 02:01	圆通快递	2022/8/6 11:42

会员信息表

图 6-55　删除重复数据的效果

图 6-56　选择"重复值"命令

打开"重复值"对话框，保持默认设置，单击"确定"按钮，即可将所选单元格区域中的重复数据以"浅红填充色深红色文本"格式显示。突出显示重复数据的效果如图 6-57 所示。

图 6-57　突出显示重复数据的效果

2）删除重复数据

对于上述 3 种查找重复数据的方法，只有使用高级筛选法可以同时删除重复数据，使用其他两种方法都只是查找出重复数据，不能同时删除重复数据。下面将介绍删除重复数据的两种方法。

（1）通过菜单删除重复数据。

步骤 1：选择数据区域，单击"数据"选项卡的"数据工具"功能组中的"删除重复项"按钮，在弹出的"删除重复项"对话框中，选择要删除重复数据的列，在默认情况下所有列同时被选择，如图 6-58 所示。

图 6-58　选择要删除重复数据的列

步骤 2：单击"确定"按钮，完成重复数据的删除，Excel 将弹出提示对话框，指出有多少重复值被删除，有多少唯一值被保留，如图 6-59 所示。

（2）通过排序删除重复数据。

在使用 COUNTIF 函数对重复数据进行查找的基础上，对用于标记重复数据的列进行降序排列，删除数值大于 1 的项，即可删除重复数据。

步骤 1：使用 COUNTIF 函数对重复数据进行查找后，选择"辅助列"列中的任意一个单元格，单击"数据"选项卡的"排序和筛选"功能组中的"降序"按钮，工作表中的数据将自动降序排列，如图 6-60 所示。

步骤 2：选择"辅助列"列中数值大于 1 的单元格区域，单击"开始"选项卡的"单元格"功能组中的"删除"按钮（见图 6-61），即可删除查找出的重复数据。

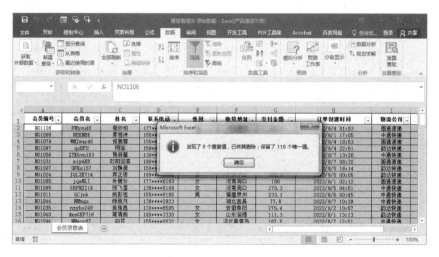

图 6-59　弹出提示对话框

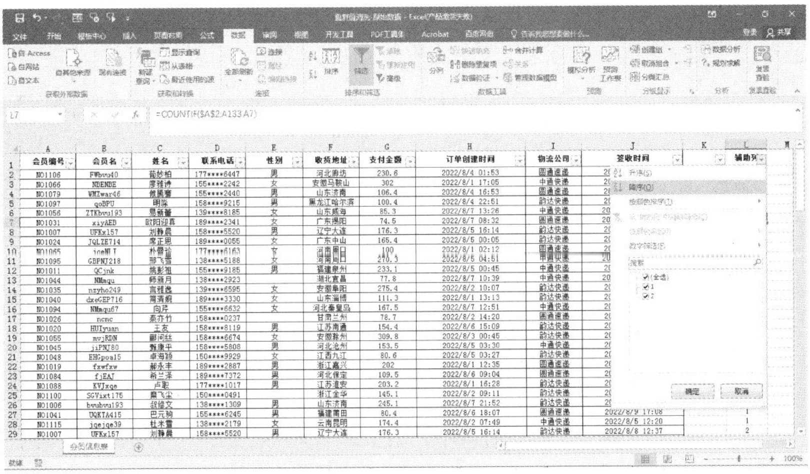

图 6-60　降序排列

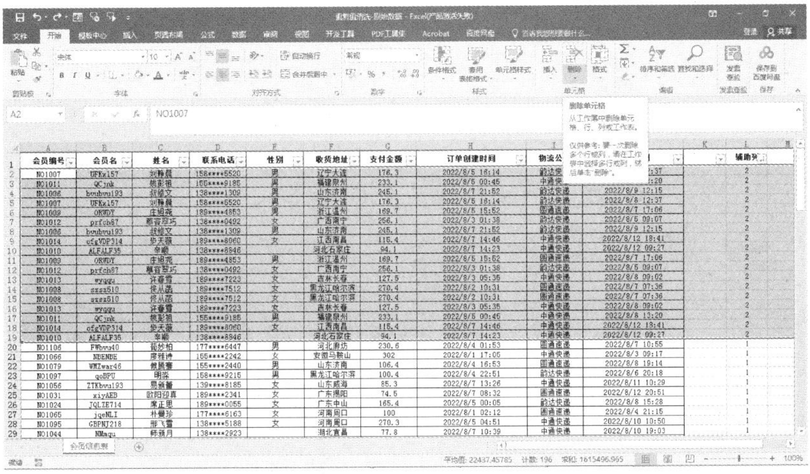

图 6-61　单击"删除"按钮

5. 无价值数据清洗

无价值数据是指对本次数据统计或数据分析没有产生作用的数据。在通常情况下，并不建议删除无价值数据。如果数据表中的数据量过大，一些数据在汇报展示时用不到又影响操作，那么可以考虑备份后将这些无价值数据删除。

二、数据转换

数据转换是指对数据的格式或结构进行转换，是数据处理的前期准备。数据转换包括数据表的行列互换、文本数据的提炼、数据类型的转换等。

1. 数据表的行列互换

数据表中的数据来源于扫描、文本文件等多种渠道。有时，由于数据默认的显示方式不符合数据分析的需求，因此需要对数据表的行列进行互换，具体操作步骤如下。

步骤 1：打开数据表，选择目标数据，按快捷键 Ctrl+C 进行复制，如图 6-62 所示。

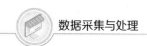

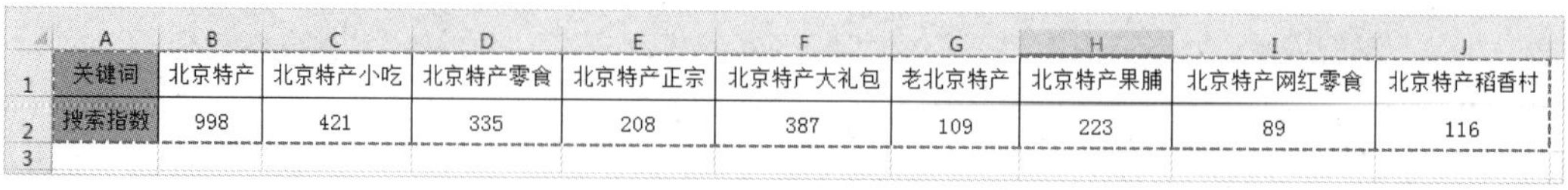

关键词
北京特产
北京特产小吃
北京特产零食
北京特产正宗
北京特产大礼包
老北京特产
北京特产果脯
北京特产网红零食
北京特产稻香村
搜索指数
998
421
335
208
387
109
223
89
116

图 6-62　复制数据

步骤 2：选择要进行复制的数据所在的单元格区域，单击“开始”选项卡的“剪贴板”功能组中的“粘贴”下拉按钮，在弹出的下拉菜单中选择“转置”命令，即可将所选数据进行行列互换，效果如图 6-63 所示。

文件
开始
插入
页面布局
公式
数据
审阅
视图
开发工具
剪切
复制
格式刷
粘贴
等线
字体
自动换行
合并后居中
对齐方式
粘贴数值
其他粘贴选项
选择性粘贴(S)...
关键词
搜索指数
北京特产
998
北京特产小吃
421
北京特产零食
335
北京特产正宗
208
北京特产大礼包
387
老北京特产
109
北京特产果脯
223
北京特产网红零食
89
北京特产稻香村
116

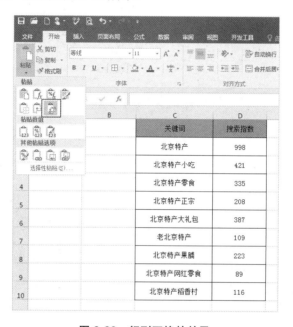

图 6-63　行列互换的效果

此外，还可以按快捷键 Ctrl+Alt+V，会弹出如图 6-64 所示的“选择性粘贴”对话框，勾选“转置”复选框，即可实现行列互换。

选择性粘贴
粘贴
全部(A)
所有使用源主题的单元(H)
公式(F)
边框除外(X)
数值(V)
列宽(W)
格式(T)
公式和数字格式(R)
批注(C)
值和数字格式(U)
验证(N)
所有合并条件格式(G)
运算
无(O)
乘(M)
加(D)
除(I)
减(S)
跳过空单元(B)
转置(E)
粘贴链接(L)
确定
取消

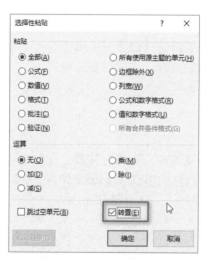

图 6-64　“选择性粘贴”对话框

2. 文本数据的提炼

在导入文本数据时，有时多项数据显示在同一个单元格中，如图 6-65 所示。这时，需要对数据进行提炼，使相同属性的数据位于同一列中。

	A
1	huang小姐17191842599草莓味茯苓饼
2	街舞达人13247581596菠萝味茯苓饼
3	亲亲小白兔15315667823奶油味茯苓饼

图 6-65　多项数据显示在同一个单元格中

1）提炼文本数据的函数

文本数据的提炼涉及函数的运用。

（1）LEFT 函数。

格式：=LEFT(text, [num_chars])

功能：获取字符串从左侧开始指定个数的字符。

说明：text 表示要取得给定值的文本数据源，num_chars 表示从左侧开始计算需要提取几个字符，其中每个字符按 1 计数。例如，若 text 为 Windows、num_chars 为 3，则 =LEFT("Windows",3)表示 Windows 从左侧开始计算需要提取 3 个字符，返回结果为 Win。

（2）RIGHT 函数。

格式：=RIGHT(text,[num_chars])

功能：获取字符串从右侧开始指定个数的字符。

说明：text 表示要取得给定值的文本数据源，num_chars 表示从右侧开始计算需要提取几个字符，其中每个字符按 1 计数。例如，若 text 为 Windows、num_chars 为 3，则 =RIGHT("Windows",3)表示 Windows 从右侧开始计算需要提取 3 个字符，返回结果为ows。

（3）MID 函数。

格式：=MID(text, start_num, num_chars)

功能：获取字符串从指定位置开始指定个数的字符。

说明：text 表示要取得给定值的文本数据源， start_num 表示从左侧第几个字符开始计算，num_chars 表示需要提取几个字符，其中每个字符按 1 计数。例如，若 text 为 Windows、start_num 为 4、num_chars 为 3，则= MID("Windows",4,3)表示 Windows 从左侧第 4 个字符开始计算需要提取 3 个字符，返回结果为 dow。

2）提炼文本数据的步骤

现需要分别对数据表中的客户姓名、电话号码、产品口味等文本数据进行提炼，具体操作步骤如下。

步骤 1：提炼客户姓名。选择客户姓名要放置的单元格，单击"插入函数"按钮，在弹出的"插入函数"对话框的"或选择类别"下拉列表中选择"文本"选项，在"选择函数"列表框中选择"LEFT"选项，分别输入文本源和数值，如提取 A1 单元格中从左侧开始计算的 7 个字符，单击"确定"按钮，即可完成客户姓名的提炼，如图 6-66～图 6-69 所示。

图 6-66　提炼客户姓名 1

图 6-67　提炼客户姓名 2

图 6-68　提炼客户姓名 3

图 6-69　提炼客户姓名 4

步骤 2：提炼电话号码。在"插入函数"对话框的"或选择类别"下拉列表中选择"文本"选项，在"选择函数"列表框中选择"MID"选项，分别输入文本源和数值，如提取 A1 单元格中从左侧第 8 个字符开始计算的 11 个字符，单击"确定"按钮，即可完成电话号码的提炼，如图 6-70～图 6-72 所示。

图 6-70　提炼电话号码 1

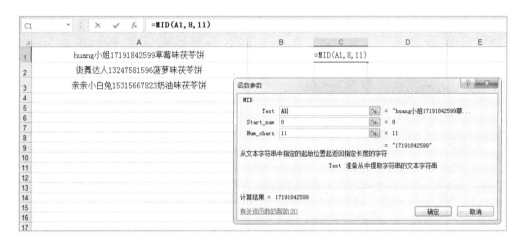

图 6-71　提炼电话号码 2

图 6-72　提炼电话号码 3

步骤 3：提炼产品口味。在"插入函数"对话框的"或选择类别"下拉列表中选择"文本"选项，在"选择函数"列表框中选择"RIGHT"选项，分别输入文本源和数值，如提取从右侧开始计算的 5 个字符，单击"确定"按钮，即可完成产品口味的提炼，如图 6-73～图 6-75 所示。

图 6-73　提炼产品口味 1

图 6-74　提炼产品口味 2

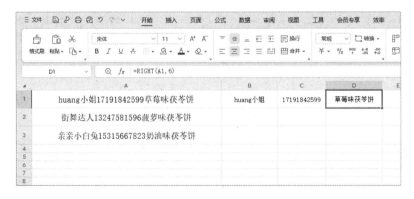

图 6-75　提炼产品口味 3

3. 数据类型的转换

1）数值转字符

在 Excel 中输入数据时会默认使用数值，若数值太长，则会以科学记数法显示，如图 6-76 所示。

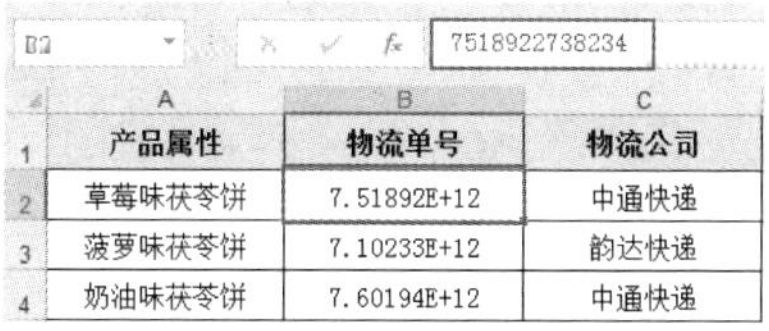

	A	B	C
1	产品属性	物流单号	物流公司
2	草莓味茯苓饼	7.51892E+12	中通快递
3	菠萝味茯苓饼	7.10233E+12	韵达快递
4	奶油味茯苓饼	7.60194E+12	中通快递

图 6-76　以科学记数法显示

在数据量较大时，为了避免出现上述情况，可以将数值改为字符，具体操作步骤如下。

步骤 1：打开数据表，选择要进行转换的数值所在的单元格，单击“数据”选项卡的“数据工具”功能组中的“分列”按钮，在“文本分列向导-3 步骤之 1”对话框和“文本分列向导-3 步骤之 2”对话框中，使用默认设置，连续两次单击“下一步”按钮，完成第 1 步和第 2 步的设置。

步骤 2：进入“文本分列向导-3 步骤之 3”对话框，选中“列数据类型”选项组中的“文本”单选按钮，单击“完成”按钮，如图 6-77 所示。

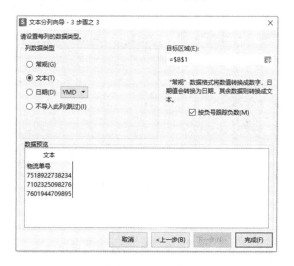

图 6-77　“文本分列向导-3 步骤之 3”对话框

步骤 3：设置完成后，返回数据表。数值转字符的效果如图 6-78 所示。

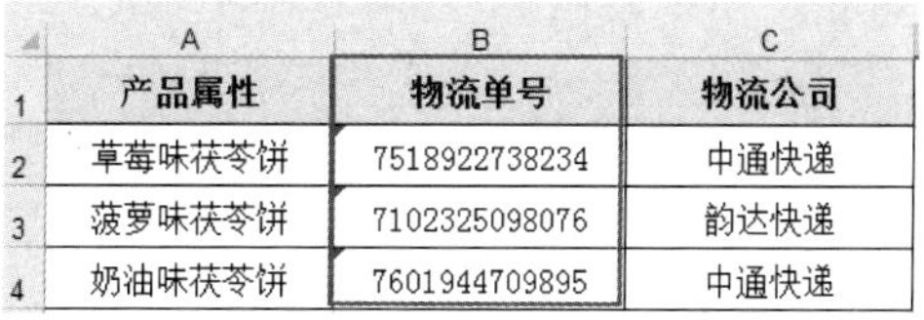

	A	B	C
1	产品属性	物流单号	物流公司
2	草莓味茯苓饼	7518922738234	中通快递
3	菠萝味茯苓饼	7102325098076	韵达快递
4	奶油味茯苓饼	7601944709895	中通快递

图 6-78　数值转字符的效果

2）字符转数值

在进行数据统计时，有时获取的原始数据是以字符形式展现的，如图6-79所示。这样虽然不影响数据展现，但是无法进行计算。

字符转数值有两种方法。一种类似数值转字符的方法，但在设置列数据格式时，应选中"常规"单选按钮，如图6-80所示。

	A	B	C	D
1	统计日期	PC端访客数	无线端访客数	访客数
2	2022-08-01	9	598	607
3	2022-08-02	13	534	547
4	2022-08-03	14	612	626
5	2022-08-04	7	539	546
6	2022-08-05	18	587	605
7	2022-08-06	11	631	642
8	2022-08-07	13	625	638
9	2022-08-08	18	578	596
10	2022-08-09	9	580	589
11	2022-08-10	16	564	580
12	2022-08-11	12	572	584
13	2022-08-12	8	593	601
14	2022-08-13	13	544	557
15		=sum()		

图 6-79　以字符形式展现

图 6-80　选中"常规"单选按钮

另一种是直接选择要进行转换的数据列，单击数据列前面出现的提示图标，在弹出的下拉列表中选择"转换为数字"选项，即可将字符转换为数值，如图6-81所示。

图 6-81　选择"转换为数字"选项

3）文本日期转标准日期

在某些数据表中，日期是以文本形式展现的，不是标准日期，这时需要将文本日期转换为标准日期。文本日期转标准日期的具体操作步骤如下。

步骤1：在Excel中打开数据表，选择文本形式的日期，单击"数据"选项卡的"数据工具"功能组中的"分列"按钮，在"文本分列向导-3 步骤之1"对话框和"文本分列向导-3 步骤之2"对话框中，使用默认设置，连续两次单击"下一步"按钮，完成第1步和第2步的设置。进入"文本分列向导-3 步骤之3"对话框，选中"列数据类型"选项组中的"日期"单选按钮，单击其后面的下拉按钮，在弹出的下拉列表中选择"YMD"选项，单击"完成"按钮，如图6-82所示。文本日期转标准日期的效果如图6-83所示。

图 6-82　设置列数据类型

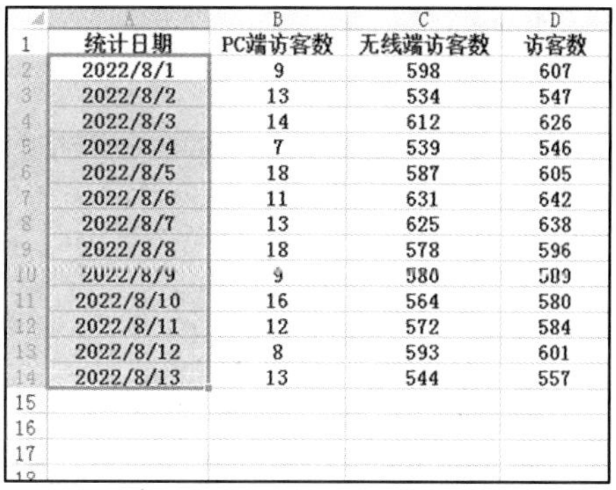

图 6-83　文本日期转标准日期的效果

步骤 2：转换后的月份和日期都是以"yyyy/mm/dd"的形式显示的。要想设置成"yyyy/mm/dd"的形式，可以打开"设置单元格格式"对话框，在"数字"选项卡左侧的"分类"列表框中选择"自定义"选项，在右侧的"类型"列表框中选择"yyyy/mm/dd"选项，单击"确定"按钮，即可完成双数的设置，如图 6-84 和图 6-85 所示。

图 6-84　自定义设置类型

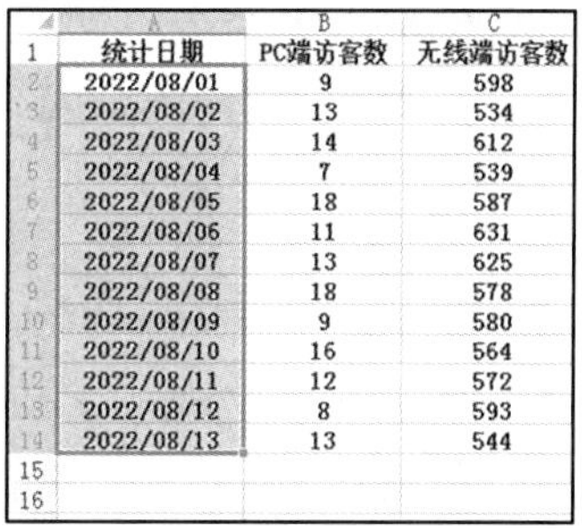

图 6-85　将月份和日期设置成"yyyy/mm/dd"的形式的效果

三、数据排序

数据排序是数据处理中经常会用到的功能之一。通过排序，可以将数据按照一定的规律进行排列，以便数据分析师浏览、查找、分析目标数据。

在 Excel 中，数据排序的方式主要有 3 种：简单排序、高级排序和自定义排序。在默认情况下，Excel 会对数字按升序或降序排列，对文本按首字母顺序排列。

1. 简单排序

简单排序是针对单列数据进行的快速排序，只有一个关键字段。图 6-86 所示为北京特产专营店 12 月份第 2 周无线端流量结构周报。下面将以北京特产专营店 12 月份第 2 周无线端流量结构周报中的数据为例，采用降序排列的方式，快速找到带来访客数最多的流量的来源明细。

图 6-86　北京特产专营店 12 月份第 2 周无线端流量结构周报

选择"访客数"列中的任意一个单元格，单击"数据"选项卡的"排序和筛选"功能组中的"降序"按钮，即可完成降序排列。简单排序的效果如图 6-87 所示。

图 6-87　简单排序的效果

2. 高级排序

高级排序是针对多列数据进行的多重排序，包含多个关键字段。以图 6-87 中的数据为例，访客数降序排列后，会发现有几条数据是相同的，如图 6-88 所示。

	A	B	C	D	E	F	G	H
1	统计日期	终端类型	流量来源	来源明细	访客数	下单买家数	支付买家数	支付金额
2	2022-12-05 ~ 2022-12-11	无线端	淘内免费	手淘搜索	1250	68	56	6117.44
3	2022-12-05 ~ 2022-12-11	无线端	淘内免费	手淘首页	918	6	6	839.52
4	2022-12-05 ~ 2022-12-11	无线端	淘内免费	淘内免费其他	617	14	11	970.42
5	2022-12-05 ~ 2022-12-11	无线端	付费流量	关键词推广	585	26	21	2712.15
6	2022-12-05 ~ 2022-12-11	无线端	自主访问	购物车	425	89	68	4487.72
7	2022-12-05 ~ 2022-12-11	无线端	自主访问	我的淘宝	201	71	65	3818.96
8	2022-12-05 ~ 2022-12-11	无线端	付费流量	淘宝客	195	17	11	1382.59
9	2022-12-05 ~ 2022-12-11	无线端	淘内免费	淘宝直播	166	105	103	7905.26
10	2022-12-05 ~ 2022-12-11	无线端	淘内免费	站内活动	157	3	0	0
11	2022-12-05 ~ 2022-12-11	无线端	淘内免费	类目频道	108	5	5	818.9
12	2022-12-05 ~ 2022-12-11	无线端	淘内免费	手淘微淘	98	0	0	0
13	2022-12-05 ~ 2022-12-11	无线端	淘内免费	手淘旺信	77	0	0	0
14	2022-12-05 ~ 2022-12-11	无线端	淘内免费	手淘汇吃	15	0	0	0
15	2022-12-05 ~ 2022-12-11	无线端	淘内免费	手淘问大家	8	0	0	0
16	2022-12-05 ~ 2022-12-11	无线端	淘内免费	手淘我的评价	8	0	0	0
17	2022-12-05 ~ 2022-12-11	无线端	淘内免费	手淘消息中心	8	0	0	0
18	2022-12-05 ~ 2022-12-11	无线端	淘内免费	手淘其他店铺	6	0	0	0
19	2022-12-05 ~ 2022-12-11	无线端	淘内免费	拍立淘	3	0	0	0
20	2022-12-05 ~ 2022-12-11	无线端	淘内免费	手淘社区	2	0	0	0

图 6-88 相同的数据

在这种情况下，应引入第 2 个关键字。修改北京特产专营店 12 月份第 2 周无线端流量结构周报的排序条件为：按访客数降序排列，在访客数相同的情况下按下单买家数降序排列。

步骤 1：在"排序"对话框中，选择"主要关键字"为"访客数"、"排序依据"为"数值"、"次序"为"降序"，如图 6-89 所示。

图 6-89 设置排序参数 1

步骤 2：单击"添加条件"按钮，新增次要关键字，设置"次要关键字"为"下单买家数"、"排序依据"为"数值"、"次序"为"降序"，如图 6-90 所示。高级排序的效果如图 6-91 所示。

图 6-90 设置排序参数 2

▲	A	B	C	D	E	F	G	H
1	统计日期	终端类型	流量来源	来源明细	访客数	下单买家数	支付买家数	支付金额
2	2022-12-05 ~ 2022-12-11	无线端	淘内免费	手淘搜索	1250	68	56	6117.44
3	2022-12-05 ~ 2022-12-11	无线端	淘内免费	手淘首页	918	6	6	839.52
4	2022-12-05 ~ 2022-12-11	无线端	淘内免费	淘内免费其他	617	14	11	970.42
5	2022-12-05 ~ 2022-12-11	无线端	付费流量	关键词推广	585	26	21	2712.15
6	2022-12-05 ~ 2022-12-11	无线端	自主访问	购物车	425	89	68	4487.72
7	2022-12-05 ~ 2022-12-11	无线端	自主访问	我的淘宝	201	71	65	3818.96
8	2022-12-05 ~ 2022-12-11	无线端	付费流量	淘宝客	195	17	11	1382.59
9	2022-12-05 ~ 2022-12-11	无线端	淘内免费	淘宝直播	166	425	102	7895.25
10	2022-12-05 ~ 2022-12-11	无线端	淘内免费	站内活动	157	3	0	0
11	2022-12-05 ~ 2022-12-11	无线端	淘内免费	类目频道	108	5	5	818.9
12	2022-12-05 ~ 2022-12-11	无线端	淘内免费	手淘微淘	98	0	0	0
13	2022-12-05 ~ 2022-12-11	无线端	淘内免费	手淘旺信	77	0	0	0
14	2022-12-05 ~ 2022-12-11	无线端	淘内免费	手淘汇吃	15	0	0	0
15	2022-12-05 ~ 2022-12-11	无线端	淘内免费	手淘问大家	8	0	0	0
16	2022-12-05 ~ 2022-12-11	无线端	淘内免费	手淘我的评价	8	0	0	0
17	2022-12-05 ~ 2022-12-11	无线端	淘内免费	手淘消息中心	8	0	0	0
18	2022-12-05 ~ 2022-12-11	无线端	淘内免费	手淘其他店铺	6	0	0	0
19	2022-12-05 ~ 2022-12-11	无线端	淘内免费	拍立淘	3	0	0	0
20	2022-12-05 ~ 2022-12-11	无线端	淘内免费	手淘社区	2	0	0	0

图 6-91　高级排序的效果

3．自定义排序

Excel 除支持默认的数字按升序或降序排列、文本按首字母顺序排列外，还支持自定义排序。在进行自定义排序时，必须先建立需要排序的自定义序列，然后才能根据设置的自定义序列对数据进行排序。下面以图 6-86 中的数据为例，对流量来源按照"淘内免费→付费流量→自主访问"的顺序进行排序。

步骤 1：选择"文件"→"选项"命令，弹出"Excel 选项"对话框，在"高级"选项卡的"常规"选项组中，单击"编辑自定义列表"按钮，如图 6-92 所示。

步骤 2：在弹出的"自定义序列"对话框的"输入序列"文本框中输入序列，单击"添加"按钮，将对应的数据添加到"自定义序列"列表框中，单击"确定"按钮，如图 6-93 所示。

图 6-92　单击"编辑自定义列表"按钮

图 6-93　自定义序列

步骤 3：单击"数据"选项卡的"排序和筛选"功能组中的"降序"按钮，弹出"排序"对话框，选择"主要关键字"为"流量来源"、"排序依据"为"数值"、"次序"为"自定义序列"，如图 6-94 所示。

图 6-94　设置排序参数 3

步骤 4：在弹出的"自定义序列"对话框中，选择已经定义好的序列，单击"确定"按钮，如图 6-95 所示。

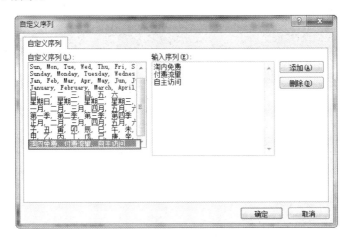

图 6-95　选择已经定义好的序列

步骤 5：自定义排序的效果如图 6-96 所示。

▲	A	B	C	D	E	F	G	H
1	统计日期	终端类型	流量来源	来源明细	访客数	下单买家数	支付买家数	支付金额
2	2022-12-05 ~ 2022-12-11	无线端	淘内免费	手淘搜索	1250	68	56	6117.44
3	2022-12-05 ~ 2022-12-11	无线端	淘内免费	手淘首页	918	6	6	839.52
4	2022-12-05 ~ 2022-12-11	无线端	淘内免费	淘内免费其他	617	14	11	970.42
5	2022-12-05 ~ 2022-12-11	无线端	淘内免费	淘宝直播	166	425	102	7895.25
6	2022-12-05 ~ 2022-12-11	无线端	淘内免费	站内活动	157	3	0	0
7	2022-12-05 ~ 2022-12-11	无线端	淘内免费	类目频道	108	5	5	818.9
8	2022-12-05 ~ 2022-12-11	无线端	淘内免费	手淘微淘	98	0	0	0
9	2022-12-05 ~ 2022-12-11	无线端	淘内免费	手淘旺信	77	0	0	0
10	2022-12-05 ~ 2022-12-11	无线端	淘内免费	手淘汇吃	15	0	0	0
11	2022-12-05 ~ 2022-12-11	无线端	淘内免费	手淘问大家	8	0	0	0
12	2022-12-05 ~ 2022-12-11	无线端	淘内免费	手淘我的评价	8	0	0	0
13	2022-12-05 ~ 2022-12-11	无线端	淘内免费	手淘消息中心	8	0	0	0
14	2022-12-05 ~ 2022-12-11	无线端	淘内免费	手淘其他店铺	6	0	0	0
15	2022-12-05 ~ 2022-12-11	无线端	淘内免费	拍立淘	3	0	0	0
16	2022-12-05 ~ 2022-12-11	无线端	淘内免费	手淘社区	2	0	0	0
17	2022-12-05 ~ 2022-12-11	无线端	付费流量	关键词推广	585	26	21	2712.15
18	2022-12-05 ~ 2022-12-11	无线端	付费流量	淘宝客	195	17	11	1382.59
19	2022-12-05 ~ 2022-12-11	无线端	自主访问	购物车	425	89	68	4487.72
20	2022-12-05 ~ 2022-12-11	无线端	自主访问	我的淘宝	201	71	65	3818.96

图 6-96　自定义排序的效果

四、数据筛选

在数据庞大的工作表中，若手动逐行、逐列查找某一具体的数据，不仅效率低而且容易出错，这时可以使用 Excel 强大的数据筛选功能，轻松设置筛选条件并筛选出具体的数据。下面分别介绍 3 种数据筛选方法。

1. 自动筛选

自动筛选一般用于简单的条件筛选。在进行自动筛选时，工作表的表头中每个单元格的右下角都将出现一个下拉按钮，单击该下拉按钮，在打开的下拉列表中选择相应的选项即可。下面将在"项目六-某企业销售数据表.xlsx"工作簿中通过自动筛选来筛选数据。

步骤 1：在"Sheet1"工作表中选择包含数据的任意一个单元格，单击"数据"选项卡的"排序和筛选"功能组中的"筛选"按钮，如图 6-97 所示。

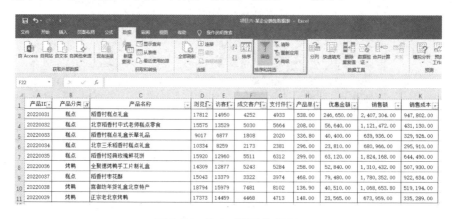

图 6-97　单击"筛选"按钮

步骤 2：单击"销售额"字段右下角的下拉按钮，在打开的下拉列表中选择"数字筛选"→"大于"选项，如图 6-98 所示。

图 6-98　选择"大于"选项

步骤 3：打开"自定义自动筛选方式"对话框，在"大于"下拉按钮右侧的文本框中输入"1000000"，单击"确定"按钮，如图 6-99 所示。

图 6-99　设置筛选条件 1

步骤 4：单击"产品分类"字段右下角的下拉按钮，在打开的下拉列表中取消勾选"全选"复选框，重新勾选"烤鸭"复选框，单击"确定"按钮，如图 6-100 所示。

图 6-100　勾选"烤鸭"复选框

步骤 5：在表格中将显示销售额大于"1000000"，且产品为"烤鸭"的数据，最终筛选结果如图 6-101 所示。

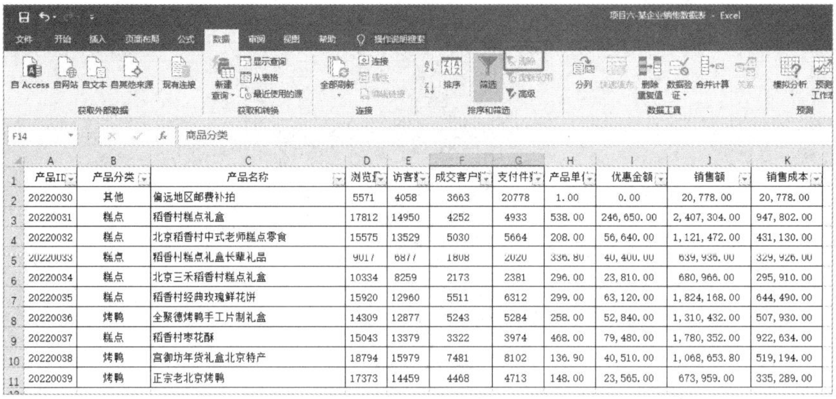

	A	B	C	D	E	F	G	H	I	J	K
1	产品ID	产品分类	产品名称	浏览量	访客量	成交客户	支付件数	产品单价	优惠金额	销售额	销售成本
8	20220036	烤鸭	全聚德烤鸭手工片制礼盒	14309	12877	5243	5284	258.00	52,840.00	1,310,432.00	507,930.00
10	20220038	烤鸭	宫御坊年货礼盒北京特产	18794	15979	7481	8102	136.90	40,510.00	1,068,653.80	519,194.00

图 6-101　最终筛选结果 1

2．自定义筛选

如果 Excel 预设的条件不能满足筛选需要，那么可以通过自定义筛选条件来筛选数据。下面将在"项目六-某企业销售数据表.xlsx"工作簿中通过自定义筛选来筛选数据。

步骤 1：单击"数据"选项卡的"排序和筛选"功能组中的"清除"按钮，如图 6-102 所示。

图 6-102　单击"清除"按钮

步骤 2：单击"产品分类"字段右下角的下拉按钮，在打开的下拉列表中选择"文本筛选"→"自定义筛选"选项，如图 6-103 所示。

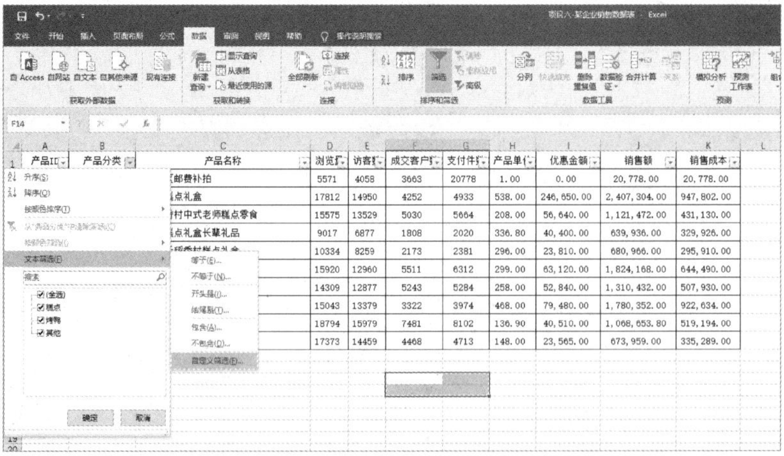

图 6-103　选择"自定义筛选"选项

步骤3：打开"自定义自动筛选方式"对话框，单击左上方的下拉按钮，在弹出的下拉列表中选择"等于"选项，在右上方的文本框中输入"糕点"，选中"或"单选按钮，单击左下方的下拉按钮，在弹出的下拉列表中选择"等于"选项，在右下方的文本框中输入"烤鸭"，单击"确定"按钮，如图6-104所示。

图6-104　设置筛选条件2

步骤4：在工作表中将显示产品分类为"糕点"和"烤鸭"的数据，最终筛选结果如图6-105所示。

产品ID	产品分类	产品名称	浏览量	访客数	成交客户数	支付件数	产品单价	优惠金额	销售额	销售成本
20220031	糕点	稻香村糕点礼盒	17812	14950	4252	4933	538.00	246,650.00	2,407,304.00	947,802.00
20220032	糕点	北京稻香村中式老师糕点零食	15575	13529	5030	5664	208.00	56,640.00	1,121,472.00	431,130.00
20220033	糕点	稻香村糕点礼盒长辈礼品	9017	6877	1808	2020	336.80	40,400.00	639,936.00	329,926.00
20220034	糕点	北京三禾稻香村糕点礼盒	10334	8259	2173	2381	296.00	23,810.00	680,966.00	295,910.00
20220035	糕点	稻香村经典玫瑰鲜花饼	15920	12960	5511	6312	299.00	63,120.00	1,824,168.00	644,490.00
20220036	烤鸭	全聚德烤鸭手工片制礼盒	14309	12877	5243	5284	258.00	52,840.00	1,310,432.00	507,930.00
20220037	糕点	稻香村枣花酥	15043	13379	3322	3974	468.00	79,480.00	1,780,352.00	922,634.00
20220038	烤鸭	宫御坊年货礼盒北京特产	18794	15979	7481	8102	136.90	40,510.00	1,068,653.80	519,194.00
20220039	烤鸭	正宗老北京烤鸭	17373	14459	4468	4713	148.00	23,565.00	673,959.00	335,289.00

图6-105　最终筛选结果2

3．高级筛选

在使用自定义筛选仍然不能满足筛选数据的需要时，可以使用Excel提供的高级筛选功能筛选任何需要的数据。下面将在"项目六-某企业销售数据表.xlsx"工作簿中通过高级筛选来筛选数据。

步骤1：单击"产品分类"字段右下角的下拉按钮，在打开的下拉列表中选择"从'产品分类'中清除筛选"选项，如图6-106所示。

图6-106　选择"从'产品分类'中清除筛选"选项

步骤 2：输入筛选条件，其中上方为与工作表中的字段完全相同的字段名，下方为具体的限制条件，如图 6-107 所示。

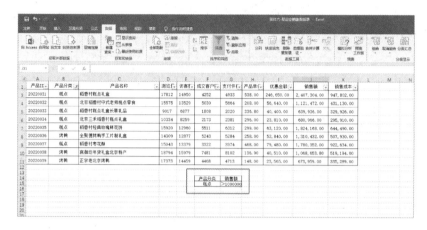

图 6-107　输入筛选条件

步骤 3：单击"数据"选项卡的"排序和筛选"功能组中的"高级"按钮。打开"高级筛选"对话框，将列表区域指定为 A1:K11 单元格区域，将条件区域指定为 F14:G15 单元格区域，单击"确定"按钮，如图 6-108 所示。

图 6-108　设置高级筛选条件

步骤 4：此时，将显示出符合设置条件的数据，最终筛选结果如图 6-109 所示。

产品ID	产品分类	产品名称	浏览量	访客数	成交客户数	支付件数	产品单价	优惠金额	销售额	销售成本
20220031	糕点	稻香村糕点礼盒	17812	14950	4252	4933	538.00	246,650.00	2,407,304.00	947,802.00
20220032	糕点	北京稻香村中式老师糕点零食	15575	13529	5030	5664	208.00	56,640.00	1,121,472.00	431,130.00
20220035	糕点	稻香村经典玫瑰鲜花饼	15920	12960	5511	6312	299.00	63,120.00	1,824,168.00	644,490.00
20220037	糕点	稻香村枣花酥	15043	13379	3322	3974	468.00	79,480.00	1,780,352.00	922,634.00

图 6-109　最终筛选结果 3

知识链接

一、处理缺失值的方法

1. 删除记录

删除记录的方法简单明了，可以直接删除带有缺失值的行记录（整行删除）或列记录（整列删除），减少缺失值对整体数据的影响。注意，删除记录意味着将会消减数据特征，以下任意一种场景都不宜采用这种方法。

（1）整体存在大量记录不完整的情况，如超过 10% 的记录不完整，删除这些带有缺失值的记录意味着将会损失较多有用的信息。

（2）带有缺失值的记录存在着明显的数据分布规律或特征，如带有缺失值的记录主要集中于某一类或某几类，删除这些记录将使对应分类的数据样本丢失大量特征信息，进而导致分析结果不准确。

2. 补齐数据

与删除记录相比，补齐数据是更加常用的处理缺失值的方法。通过将数据补齐，可以形成完整的记录，这对后续的数据处理、分析至关重要。常用的补齐数据的方法如下。

1）特殊值法

一般使用均值、中位数等特殊值补齐缺失值。对于分类型数据，使用众数补齐。

2）模型法

如果带有缺失值的列是数值变量，那么可以采用模型法补齐。

3）其他方法

可以采用随机法、多重填补法等补齐。

3. 不处理

在数据预处理阶段，对于带有缺失值的记录不做任何处理也是一种思路。这种思路主要看后期的数据分析需求。对于样本较少或数据缺失属于正常情况的，在预处理阶段可以不处理。

二、删除重复数据的方法

在记录数据的过程中，出现重复数据是难以避免的事情，如何检查并删除其中的重复数据，是进行数据分析前需要解决的问题。对于这一问题常用的处理方法有删除重复数据法和高级筛选法。

1. 删除重复数据法

可以使用 Excel 中已有的"删除重复项"按钮，根据需要选择并删除重复数据。可以选择同一列中的重复数据，也可以选择不同列中的重复数据。

2. 高级筛选法

使用删除重复数据的方法删除重复数据后，新数据会替代原始数据。如果想要保留

原始数据，那么可以使用高级筛选法。单击 Excel 中"数据"选项卡的"排序和筛选"功能组中的"高级"按钮即可实现。

任务四 数据计算

任务分析

在电子商务企业运营过程中，会产生大量数据，这些数据被采集之后就会形成提取有用信息和分析结论的第一手资料。当数据表中现有的数据不能满足数据分析需求，或要最大化开发数据价值时，就需要通过计算以形成新数据。根据电子商务数据的处理原则，结合本店铺的实际诉求，小王将通过常规计算、日期计算和加权计算进行数据计算。

任务实施

一、常规计算

常规计算包括公式计算与函数计算，大多数的电子商务数据均可以使用常规计算。

下面以如图 6-110 所示的产品销量表中的数据为例，统计各产品的销量，并将结果存放到 G2 单元格中。

	A	B	C	D	E	F	G
1	产品名称	茯苓饼500g	京八件礼盒	驴打滚500g	冰糖葫芦500g	北京烤鸭礼盒	合计
2	销量	2562	4061	619	1722	1409	

图 6-110 产品销量表

可以在 G2 单元格中输入"=B2+C2+D2+E2+F2"，通过单元格引用完成计算，结果如图 6-111 所示；也可以在 G2 单元格中输入"=SUM(B2:F2)"，同样也可以完成计算，结果如图 6-112 所示。

G2			× ✓ fx	=B2+C2+D2+E2+F2			
	A	B	C	D	E	F	G
1	产品名称	茯苓饼500g	京八件礼盒	驴打滚500g	冰糖葫芦500g	北京烤鸭礼盒	合计
2	销量	2562	4061	619	1722	1409	10373

图 6-111 使用公式完成数据计算的结果

G2			× ✓ fx	=SUM(B2:F2)			
	A	B	C	D	E	F	G
1	产品名称	茯苓饼500g	京八件礼盒	驴打滚500g	冰糖葫芦500g	北京烤鸭礼盒	合计
2	销量	2562	4061	619	1722	1409	10373

图 6-112 使用函数完成数据计算的结果

二、日期计算

在日常业务数据的处理中经常会涉及对日期的计算。Excel 中提供了一些特殊的日期函数，使用这些日期函数可以完成相应的对日期的计算，如提取日期并计算、计算日期之间的差值等。

1. 提取日期并计算

提取日期包括从已有的日期中提取年份、月份和日，提取的日期既可以是已经录入的日期，又可以是当前系统的日期。其主要涉及的函数如下。

1）TODAY 函数

格式：TODAY( )

功能：返回当前日期。

说明：不需要参数。

2）YEAR 函数

格式：YEAR(serial_number)

功能：返回某个日期中对应的年份，返回值为 1900～9999 范围内的整数。

说明：serial_number 是一个日期值。

3）MONTH 函数

格式：MONTH(serial_number)

功能：返回某个日期中对应的月份，返回值是 1～12 范围内的整数。

说明：serial_number 是一个日期值。

4）DAY 函数

格式：DAY(serial_number)

功能：返回某个日期中对应的日，返回值是 1～31 范围内的整数。

说明：serial_number 是一个日期值。

例如，小王在日常运营过程中，经常需要调用产品本月及上月销量对比报表，如图 6-113 所示。由于每月报表已相互关联，因此需要通过公式实现自动更新报表月份，以便查看本月及上月的销量对比情况。

本月及上月销量对比报表		
产品	3 月销量	2 月销量
茯苓饼500g	500	438
京八件礼盒	550	661
驴打滚500g	580	359

图 6-113 本月及上月销量对比报表

当前月的月份位于 B2 单元格中，在 B2 单元格中输入"=MONTH(TODAY())"，即可提取当前月的月份，如图 6-114 所示。上个月的月份位于 D2 单元格中，在 D2 单元格中输入"=MONTH(TODAY()–DAY(TODAY()))"，先使用"TODAY()–DAY(TODAY())"获取上个月最后一天的日期，再使用 MONTH 函数提取上个月的月份，如图 6-115 所示。

图 6-114 提取当前月的月份   图 6-115 提取上个月的月份

2．计算日期之间的差值

使用 DATEDIF 函数可以计算日期之前的差值。

格式：DATEDIF(date1,date2,code)

功能：计算两个日期相差的年数、月数或天数。

说明：date1 表示起始日期；date2 表示结束日期；code 表示要返回两个日期的参数代码。

以如图 6-116 所示的会员下单时间表中的数据为例,若要统计会员首次下单与最近下单之间的间隔时长，则可以在 E2 单元格中使用 DATEDIF 函数，其中 DATEDIF 函数的第 1 个参数为"首次下单时间"，第 2 个参数为"最近下单时间"，第 3 个参数需要根据间隔时长的具体要求进行选择。间隔时长计算如表 6-2 所示。

	A	B	C	D	E
1	客户编号	会员ID	首次下单时间	最近下单时间	间隔时长
2	QL001	六先生	2018/3/18	2022/10/1	

图 6-116 会员下单时间表

表 6-2 间隔时长计算

要求	公式	结果
相差几年	=DATEDIF(C2,D2,"Y")	4
相差几个月	=DATEDIF(C2,D2,"M")	54
相差几天	=DATEDIF(C2,D2,"D")	1658
一年内相差几个月	=DATEDIF(C2,D2,"YM")	6
一年内相差几天	=DATEDIF(C2,D2,"YD")	197
一个月内相差几天	=DATEDIF(C2,D2,"MD")	13

DATEDIF 函数共有 3 个参数，前 2 个参数代表参与计算的 2 个日期。需要注意的是，第 2 个参数的日期要晚于第 1 个参数的日期，否则 Excel 会返回错误值。Y 表示两个日期相差的年数，M 表示两个日期相差的月数，D 表示两个日期相差的天数，YM 表示两个日期一年内相差的月数，YD 表示两个日期一年内相差的天数，MD 表示两个日期一个月内相差的天数。参数顺序不当引起的计算错误如图 6-117 所示。

图 6-117 参数顺序不当引起的计算错误

三、加权计算

加权计算不是简单地将数据相加，而需要通过数据与权相乘实现，加权是指乘以权重，即乘以系数。加权计算通过 SUMPRODUCT 函数实现。

格式：SUMPRODUCT(array1,array2,array3,...)

功能：返回相应数组元素乘积的和。

说明：array1,array2,array3,...表示 2～255 个数组，相应元素需要进行相乘后求和。

例如，北京特产专营店在年中大促前选择了多种不同的渠道推广，同时进行了活动宣传，推广效果各有不同。要衡量不同渠道的推广效果，需要考虑多个指标，且各指标的权重不同。店主详细划分了评估指标，给出了权重，如图 6-118 所示。

推广渠道	指标1	指标2	指标3	指标4	综合得分		指标	指标1	指标2	指标3	指标4
A	8	3	3	3			权重	10%	20%	40%	30%
B	5	6	6	10							
C	10	2	4	7							
D	6	10	10	1							

图 6-118 不同推广渠道的指标及权重

通过加权计算，在 F2 单元格中输入"=SUMPRODUCT(B2:E2,I\$2:L\$2)"，按回车键，即在 F2 单元格中返回推广渠道 A 的综合得分，如图 6-119 所示。其中，I\$2:L\$2 用到了绝对引用，表示引用的单元格固定不变，这样有利于使用填充柄进行向下填充，并完成其他推广渠道综合得分的计算。

推广渠道	指标1	指标2	指标3	指标4	综合得分		指标	指标1	指标2	指标3	指标4
A	8	3	3	3	3.5		权重	10%	20%	40%	30%
B	5	6	6	10							
C	10	2	4	7							
D	6	10	10	1							

图 6-119 加权计算获取的推广渠道 A 的综合得分

通过常规计算，在 F2 单元格中输入"=B2*I2+C2*J2+D2*K2+E2*L2"，将各指标得分与指标权重的乘积相加，同样也可以得到推广渠道 A 的综合得分，如图 6-120 所示。据此可知，SUMPRODUCT 函数在维度较多的计算中使用比较方便。

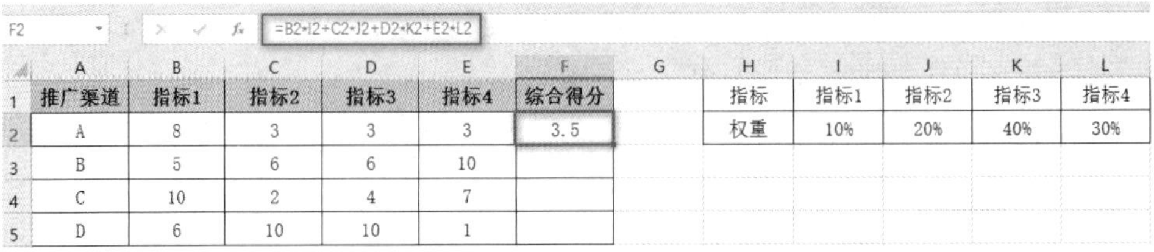

图 6-120　常规计算获取的推广渠道 A 的综合得分

知识链接

一、单元格引用的模式

在 Excel 中使用公式时会用到单元格或单元格区域地址引用,当将公式向旁边或下面进行复制时,地址的变化方式决定了引用的种类。单元格引用主要分为相对引用、绝对引用和混合引用 3 种。

1. 相对引用

使用相对引用在复制公式时地址会跟着发生变化,相对引用是一种常见的引用。

例如,C1 单元格中的公式为"=A1+B1",当将该公式复制到 C2 单元格中时,该公式会变为"=A2+B2"。

2. 绝对引用

使用绝对引用在复制公式时地址不会跟着发生变化,这是引用的一般变化。

例如,C1 单元格中的公式为"=$A$1+$B$1",当将该公式复制到 C2 单元格中时,该公式不会跟着发生变化,仍为"=$A$1+$B$1"。

3. 混合引用

使用混合引用在复制公式时地址的部分内容跟着发生变化,这是引用的一种混合应用。

例如,C1 单元格中的公式为"=$A1+B$1",当将该公式复制到 C2 单元格中时,该公式会变为"=$A2+B$1"。

注意,输入地址后,可以按 F4 键加入绝对地址符"$",以实现"相对引用""绝对引用""混合引用"3 种状态之间的切换。

二、常见的错误值

在进行数据计算的过程中,出现错误是难免的,不同的错误会产生不同的错误值。只有充分且正确认识这些错误值,才能对症下药,找出原因,修改公式。常见的错误值如下。

1. #DIV/0!

众所周知,在数学运算中,0 是不能被作为除数的,在 Excel 中也一样。如果使用 0 作为除数,那么会显示#DIV/0!,如图 6-121 所示。除此之外,使用空值作为除数,也会显示同样的错误。因此，在数据计算中如果看到#DIV/0!，那么首先需要检查除数是否为0或空值。

图 6-121　显示#DIV/0!

2．#VALUE!

在 Excel 中，不同类型的数据、运算符能进行不同类型的运算。算数运算符可以对数值和文本进行运算，但是不可以对纯文本进行运算。如果强行对其进行运算，那么会显示#VALUE!，如图 6-122 所示。

图 6-122　显示#VALUE!

3．#N/A

#N/A 一般出现在查找函数中，当在数据区域中查找不到与查找的数据相匹配的数据时，就会显示#N/A，如图 6-123 所示。因此，当出现#N/A 时，应第一时间检查查找的数据是否在当前数据区域内。

▲	A	B	C	D	E
1	用户名	年龄		查找的用户名	雨天
2	英半elie8	33		查找的年龄	#N/A
3	妙之ein	40			
4	柳妍y74	29			
5	雨more31	41			
6	妍静emor5	24			
7	之蕃nlov5	40			
8	童书ores	27			
9	怡畅lfi	30			
10	千风eint130	30			
11	梅翿anyt00	42			
12	柳颜mesa96	20			
13	howm741	29			
14					
15					

E2 =VLOOKUP(E1,A:B,2,0)

图 6-123　显示#N/A

4．#REF!

在 Excel 中，一般显示#REF!的原因是误删了公式中原来引用的单元格或单元格区域。

显示#REF!如图 6-124 所示。

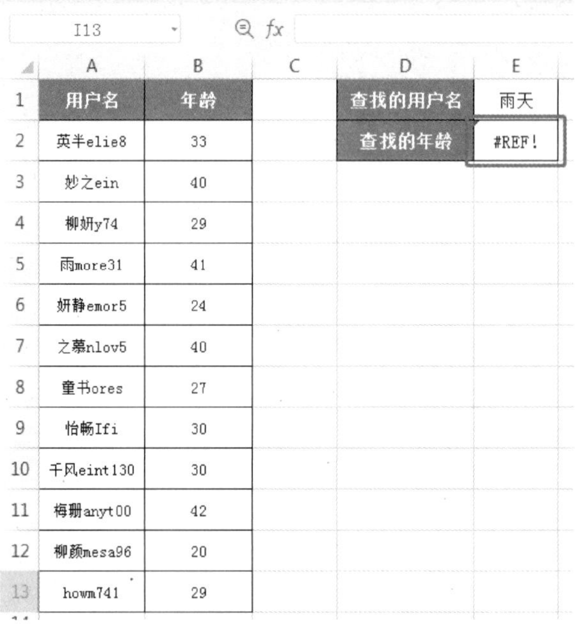

图 6-124　显示#REF!

5．#NAME?

　　如果在公式中输入了 Excel 不能识别的字符，那么会显示#NAME?。常见的显示#NAME?的原因是文本没有加双引号或非文本加了双引号。显示#NAME?如图 6-125 所示。

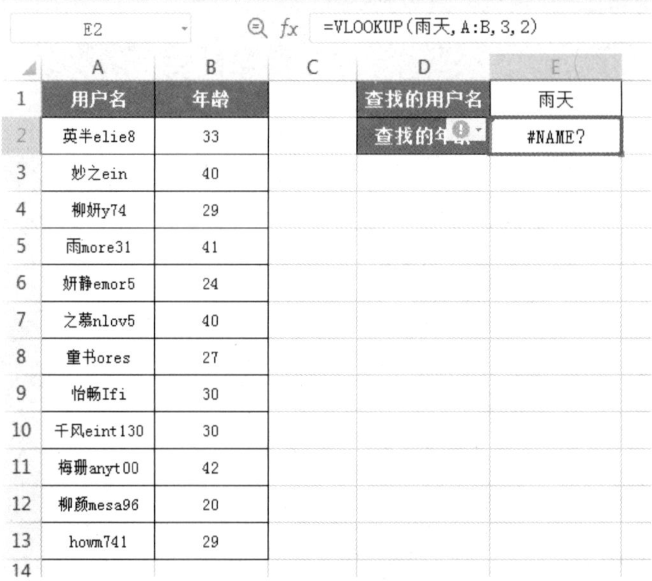

图 6-125　显示#NAME?

项目七　数据可视化呈现

知识目标

（1）了解数据可视化的概念。
（2）明确不同类型图表的适用场景。
（3）明确数据的关系。
（4）熟悉不同类型的报表。

技能目标

（1）能够根据数据的关系选择合适的图表。
（2）能够掌握制作报表的要点。
（3）能够根据分析目标完成各种报表的制作。
（4）能够掌握制作图表的要点，并能够结合图表完成数据分析。

任务分解

本项目包含了3个任务，具体如下。
任务一　数据可视化认知；
任务二　报表制作；
任务三　图表制作。
本项目将重点介绍数据可视化认知、报表制作及图表制作等内容。通过本项目的学习，学生可以了解不同类型图表的特性，并能够根据数据分析的需求选择合适的图表进行可视化呈现。

任务情境

电子商务企业在日常运营过程中，需要实时统计并分析各项流量、服务、物流等数

据，以便及时发现其中存在的问题，并实施相应的策略。在这个过程中，借助报表或图表进行可视化呈现，能够使数据"化冗长为简洁"，使想要传达的重要数据清晰、明了。小王为了使管理层能够准确地了解店铺经营的动态，计划借助报表和图表呈现各类统计数据。

任务一　数据可视化认知

任务分析

在日常的数据呈现中，有着"字不如表，表不如图"的说法，数据可视化就是通过易读、易懂的图表，使人能够快速理解各项数据，降低其理解难度。小王在借助图表进行数据可视化呈现前，计划首先区分不同类型的图表，并进一步明确在什么样的数据关系下使用哪类图表。

任务实施

一、区分不同类型的图表

在数据可视化的过程中，数据是基础，可视化则是指将数据用图表进行呈现。这里的图表由表头和数据区域两个部分组成，且分为不同的类型。不同类型的图表的适用场景各有不同。

下面小王分别对几种常用的图表进行区分。

1. 柱形图

柱形图通过一系列高度不等的长方形柱子来描述不同时期数据的变化情况，或表示不同类型数据之间的差异。柱形图示例如图 7-1 所示。柱形图可以延伸出堆积柱形图、百分比堆积柱形图、瀑布图、直方图等，其中从堆积柱形图中可以直观地看出每个系列的值，且可以反映出系列的总和。

柱形图适用于展示二维数据集，但只有一个维度需要比较。通常，文本维度/时间维度作为 X 轴，数值维度作为 Y 轴，可以用于显示特定时间内的数据变化情况或不同项目之间的对比情况，也可以用于反映时间趋势。

2. 条形图

条形图本质上是旋转后的柱形图，可以反映不同项目之间的对比情况。条形图示例如图 7-2 所示。条形图可以延伸出堆积条形图、百分比堆积条形图等。

条形图适用于类别标签过长或较多的情况。与柱形图相比，条形图更适合展现排名。

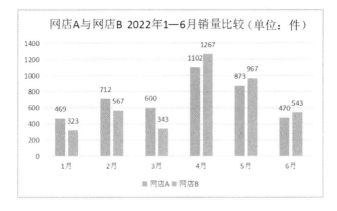

图 7-1 柱形图示例

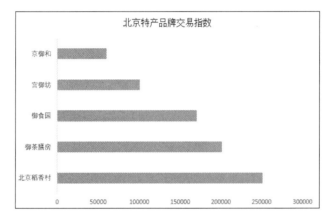

图 7-2 条形图示例

3．折线图

折线图是将数值标注成点，并通过线条将这些点按照顺序连接起来形成的数据趋势图。折线图常用来分析数据随时间的变化趋势。折线图示例如图 7-3 所示。

折线图适用于大的二维数据集，以及分析多组数据随时间变化的相互作用和相互影响的情况。与柱形图不同，折线图更加强调数据起伏变化的波动趋势。

图 7-3 折线图示例

4. 饼图

饼图是以饼状显示各数据系列占比情况的。每个扇形代表一个数据系列，扇形的面积越大，表示占比越高。饼图示例如图 7-4 所示。

饼图适用于单个维度多个数据系列占总数据百分比的情况。在使用饼图时需要注意，选取的数值不能是负数和 0。

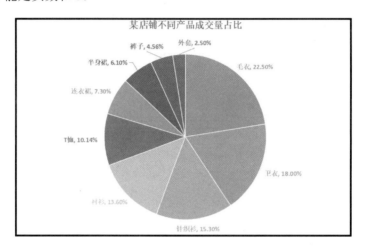

图 7-4　饼图示例

5. 散点图

散点图是将两个变量分别分布在 X 轴和 Y 轴上，在两个变量的交叉位置绘制出点的图表，点的位置由变量的值决定。

散点图通常用于反映数据之间的相关性和分布特征。散点图示例如图 7-5 所示。

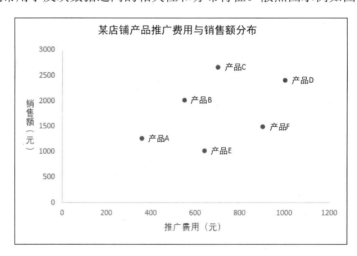

图 7-5　散点图示例

6. 气泡图

气泡图是散点图的变换，在绘制时应将第一个变量放在 X 轴上，将第二个变量放在 Y 轴上，而第三个变量则用气泡的大小来表示数值的变化。

气泡图适用于展示三维数据之间的关系，由于有时从视觉上很难分辨出气泡大小，因此一般会在气泡上添加第三个变量的数值作为数据标签。气泡图示例如图 7-6 所示。

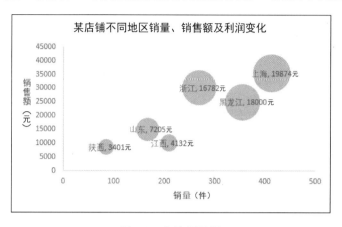

图 7-6　气泡图示例

7. 雷达图

雷达图是将多个数据以蜘蛛网的形式呈现出来的图表。

雷达图适用于多维数据（四维及以上），且每个维度均可以排序，主要用来了解各项数据指标的变动情况及其好坏趋向。雷达图示例如图 7-7 所示。

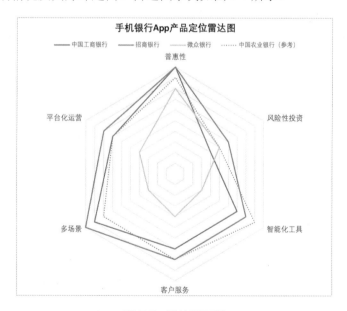

图 7-7　雷达图示例

图表除包括以上几种外，还包括热力图、面积图、股价图、旭日图、曲面图等，小王计划在以后的工作中逐步了解。

二、根据数据的关系选择图表

不同类型的图表有不同的适用场景，小王在借助图表进行数据可视化呈现前，首先

需要明确不同类型数据的关系可以采用哪些图表。

小王通过搜集资料了解到，数据的关系通常包括构成关系、比较关系、分布关系、趋势关系、联系关系，如图7-8所示。

图 7-8   数据的关系

1．构成关系

构成关系用于展现不同类型数据相对于总体的占比情况。如果想表达的数据包括份额、百分比，那么可以使用饼图、百分比堆积柱形图、瀑布图等。

2．比较关系

比较关系用于展示不同项目、不同类型数据的比较情况，分成不同场景，如多个项目或多种类型的数据比较、地域之间数据的比较等。要展示比较关系，可以使用柱形图、条形图、折线图等。

3．分布关系

分布关系用于展示各数值范围内分别包含多少个项目，典型的信息包含集中、频率、分布等。要展示分布关系，可以使用散点图、气泡图等。

4．趋势关系

趋势关系是一种时间序列关系，用于展示数据如何随着时间的变化而变化，如每周、每月、每年的变化趋势是增加、减少、上下波动还是基本不变。折线图可以更好地表现各指标随时间变化的趋势，即展示趋势关系。此外，柱形图也可以展示趋势关系。

5．联系关系

联系关系用于查看两个变量之间是否表达出所要证明的模式关系，即用于表达"与……有关""随……而增长""随……而不同"等变量之间的关系。要展示联系关系，可以使用散点图、气泡图、雷达图等。

知识链接

一、数据可视化的优势

数据可视化将电子商务企业每日产生的海量数据经过抽取、提炼、加工，通过可视化图表的方式展示出来，改变了冗长且传统的文字描述，让决策者能够更高效、更清晰地掌握重要信息和了解重要细节，有助于企业重大决策的制定和发展方向的研判。具体来说，数据可视化的优势主要体现在以下几个方面。

1. 传递速度快

人脑对视觉信息的处理要比对书面信息的处理的速度快。与使用大篇幅的报告或电子表格总结复杂数据相比，使用图表总结复杂数据，可以使数据关系的理解和处理速度更快，这使得管理层更容易对企业现状进行评估，可以更敏感地分析出市场变化，并能够更快速地识别出新机会。

2. 多维显示数据

通过可视化图表，可以将数据每个维度的值进行分类、排序、组合并显示，这样就可以看到表示对象或事件的数据的多个属性。

3. 以建设性方式提供结果

数据可视化能够用一些简短的图表体现复杂数据，甚至单个图形也能做到，管理层可以轻松地解释各种不同的数据源，这有助于业务伙伴了解存在的问题和悬而未决的计划。

二、图表选择的原则

对于相同的数据，可能会因不同的立场和价值判断，而使得不同的运营者发现的信息、得出的观点各有差异，进而使得他们所选图表的类型也不同。为了使所选图表清晰地表现数据，传递信息，在进行图表选择时需要遵循以下原则。

1. 客观性原则

梳理并分析已统计的电子商务数据。图表的绘制依赖于数据，但仅有数据是不够的，还需要理解并分析数据，从数据中提炼出关键信息。因此，要保持数据的客观性，不可捏造数据。

2. 准确性原则

明确想要表达的数据的关系，即结合数据中提炼出的关键信息，明确通过图表想要突出展示的数据的关系，如销售额比较、经营收入结构、目标客户地域分布等。

3. 一致性原则

根据想要表达的数据的关系选择相应的图表类型。每种图表都有相应的数据维度及场景。例如，想要分析目标客户地域分布，可以选用能展示数据分布关系的热力图。此外，同样的场景和数据的关系应使用同样的图表类型。

三、数据可视化工具

1. Tableau

Tableau 是一款用于数据可视化实现和敏捷开发的商务智能展示工具。Tableau 的使用方法非常简单，通过数据的导入，结合数据操作，即可实现数据分析，并生成可视化图表。简单来说，Tableau 很容易上手，各大电子商务企业都可以使用它将大量数据拖动到

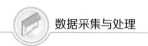

数字画布上，这样瞬间就能创建好各种图表。

Tableau 分为 Desktop 和 Server 两种。Desktop 分为个人版和专业版，个人版只能连接到本地数据源，专业版还可以连接到服务器上的数据库。Server 主要用来处理数据，并进行共享。

Tableau 的突出特点是简单、易用，使用者不需要精通复杂的编程和统计原理，只需要把数据直接拖动到工作簿中，通过一些简单的设置，就可以得到想要的可视化图表。

2．Power BI

Power BI 是一款商务智能展示工具，用于实现数据分析的所有流程，包括对数据的获取、清洗、建模和可视化展示，进而帮助企业对数据进行分析，用数据驱动业务，做出正确的决策。尤其在数据可视化展示方面，使用 Power BI 能够迅速生成超级酷炫的图表。Power BI 的主要特点体现在以下 3 个方面。

1）打通各类平台

使用 Power BI 能够从各类平台中获取数据，并进行分析，如可以从 Excel、SQL Server、Oracle、MySQL、R 语言等中获取数据。

2）易用性

Power BI 采用拖拉控件式图形化开发模式，无须过多操作，即可实现数据可视化，简单、易用且操作方便。

3）美观性

Power BI 提供了多种组件，使用这些组件可以较快地形成可视化图表，且生成的图表可静可动、生动形象。

3．FineReport

FineReport 是一款纯 Java 编写的、集数据展示（报表）和数据录入（表单）功能于一体的企业级 Web 报表工具。FineReport 具有专业、灵活的特点，且具有无码设计理念，仅需简单的拖拉操作便可以设计出复杂的图表，搭建数据决策分析系统。FineReport 的功能全面且专业，如支持关系数据库、商务智能多维数据库的连接取数；支持离线填报、多级上报、数据填报等。FineReport 具有类似 Excel 的界面，用户不需要任何额外的学习成本。

4．Apache ECharts

Apache ECharts 是百度开发的一个基于 JavaScript 的开源可视化图表库，兼容性强，底层依赖矢量图形库 ZRender，提供直观、交互丰富、可高度个性化定制的数据可视化图表。Apache ECharts 的功能非常丰富，提供了各种各样的图表，可以满足用户的各种需求。

任务二　报表制作

任务分析

相较于图表，报表也是一种信息组织和分析的有力工具。使用报表可以记录、整理、呈现电子商务企业运营过程中特定时间段的各项数据。北京特产专营店每天都会产生大量数据，为了让管理层及时了解该店铺的各项动态，小王需要制作各种日常数据报表，并在开展推广或大促活动时，制作专项数据报表。小王在制作相关报表前，需要区分不同类型的报表，并了解各种报表的制作方法。

｜任务实施

一、区分不同类型的报表

使用报表一方面有利于管理层了解经营动态，进行运营评估；另一方面便于随时查找，能够为经营策略的调整提供参考。小王了解到报表根据展现形式的不同可以分为列表式报表和矩阵式报表，其中列表式报表的数据按照表头顺序平铺式展示，便于查看详细信息；矩阵式报表则主要用于多条件数据的统计，多用于数据汇总统计。

下面小王分别对几种常用的报表进行区分。

1. 日常数据报表

日常数据报表根据统计周期的不同可以分为日报表、周报表、月报表，不同类型的报表有不同的侧重点。

1）日报表

日报表主要用于统计电子商务企业每日各类实时数据。以淘宝为例，可进入生意参谋的流量模块采集访客数、浏览量、人均浏览量、关注店铺人数等实时数据，如图 7-9 所示。因数据量比较大，故可选择其中的关键指标数据进行呈现。日报表建议采用列表式，以便于查看。

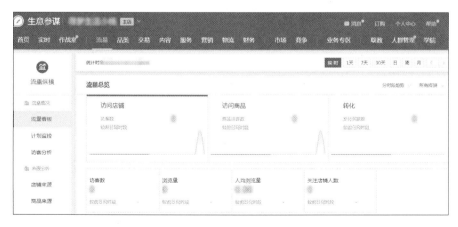

图 7-9　生意参谋的流量模块

2）周报表

周报表体现的是 7 天的统计数据，是对运营工作的阶段性总结，可以与上周数据进行比较，计算环比增长率，分析这一周的运营状况，明确是否有需要改进的地方。

3）月报表

月报表同样是对运营工作的阶段性总结，但是相较于周报表，月报表统计的数据量

更加庞大。需要注意的是，由于月报表一般提交给管理层，因此月报表更多地关注结果性指标，需要有效提炼。为了在月报表中呈现更全面、更客观的分析结果，如季节性因素，可以调取去年同期数据，计算环比增长率。

2. 专项数据报表

与日常数据报表不同，专项数据报表呈现的数据维度更为集中。根据电子商务企业发展的需要，专项数据报表的制作将围绕市场、运营、产品这3个维度展开。

1）市场分析报表

由于市场容量决定了企业自身发展的"天花板"，因此市场分析报表中需要呈现行业市场容量。此外，市场分析报表中还需要呈现行业增长率、市场需求数据、竞争数据等。通过查看市场分析报表，企业可以进行市场预判，及时发现潜在的机会，从而抢占市场先机。

2）运营分析报表

运营分析报表中的数据通常来源于企业自身，需要综合呈现店铺数据、推广数据、流量数据、交易数据、服务数据、客户行为数据、物流数据等。小王如果想要制作无线端流量报表，那么可以对无线端的付费流量、淘内免费流量、自主访问等细分渠道的访客数、下单买家数、下单转化率等进行采集。图7-10所示为生意参谋的流量模块的数据采集界面。

流量来源	访客数	下单买家数	下单转化率	操作
淘内免费	278 -34.89%	50 -45.65%	17.99% -16.52%	趋势
手淘搜索	166 -54.64%	11 -84.51%	6.63% -65.84%	趋势 商品效果
淘内免费其他	72 +4.35%	26 +85.71%	36.11% +77.98%	趋势 商品效果
手淘拍立淘	29 +141.67%	9 +800.00%	31.03% +272.41%	趋势 商品效果
手淘微淘	21 +16.67%	8 +14.29%	38.10% -2.04%	趋势 商品效果

图7-10 生意参谋的流量模块的数据采集界面

3）产品分析报表

产品分析报表的制作主要围绕相关产品的各类指标，如搜索指数、交易指数、详情页跳出率等展开。

二、制作日常数据报表

小王目前负责北京特产专营店的运营工作，现需要制作日报表，记录店铺每日的数据变化，便于后期进行分析。小王制作日报表的具体步骤如下。

步骤 1：明确报表制作的需求。

因北京特产专营店处于运营初期，这个阶段的重要任务是积累数据，协助企业决策者找准运营方向，故小王计划在报表中重点体现店铺整体数据和转化数据，并将统计日期范围设置为 2022 年 2 月 1 日至 2022 年 2 月 8 日。

步骤 2：选择数据指标。

确定了报表的维度后，小王选择需要呈现的重要数据指标，包括访客数、浏览量、跳失率、人均浏览量、平均停留时长、老访客数、新访客数、支付买家数、支付金额、下单买家数、下单转化率、客单价。

步骤 3：搭建报表框架。

因报表需要展现的数据指标较多，故小王计划搭建列表式报表。报表框架如图 7-11 所示。

日期	店铺							转化				
	访客数	浏览量	跳失率	人均浏览量	平均停留时长	老访客数	新访客数	支付买家数	支付金额	下单买家数	下单转化率	客单价
北京特产专营店运营日报表												
2022/2/1												
2022/2/2												
2022/2/3												
2022/2/4												
2022/2/5												
2022/2/6												
2022/2/7												
2022/2/8												

图 7-11　报表框架 1

步骤 4：采集数据。

报表框架搭建完成后，小王需要进入店铺所在的电子商务平台采集每日数据。打开生意参谋，单击"流量"菜单进入流量模块，设置周期为 1 天，这样即可采集 1 天的数据，如图 7-12 所示。

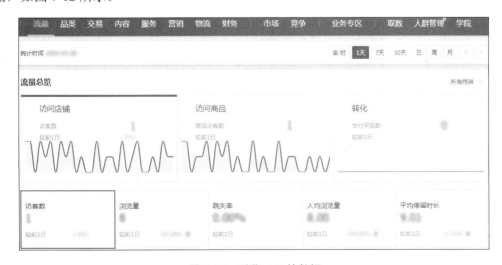

图 7-12　采集 1 天的数据

步骤 5：填充数据。

小王将采集到的 2022 年 2 月 1 日的数据填充至报表中，如图 7-13 所示。

图 7-13　填充数据 1

步骤 6：分析数据。

按照同样的方法，小王继续采集并统计 2022 年 2 月 2 日的数据，并计算其中的关键指标（如跳失率、支付转化率、客单价等）的环比增长率，分析是否存在异常。

其中，环比增长率的计算公式为：

环比增长率=（本期指标-上期指标)÷上期指标×100%

小王在报表中输入需要计算的字段名，完成环比增长率的计算，如图 7-14 所示。

图 7-14　计算环比增长率

小王通过图 7-14 中的数据得知，2022 年 2 月 2 日的跳失率相较于 2022 年 2 月 1 日的跳失率是增长的，需要找出跳失率增长的原因并进行改善。例如，主图整体展现效果不好，优化主图；产品价格设置过高，需要对产品价格进行调整；产品详情页粗糙，产品卖点展现不够全面，没有凸显产品优势，吸引力不足，需要优化产品详情页。

除需要制作日报表外，小王还需要制作周报表、月报表，以便于进行阶段性分析与总结。

三、制作专项数据报表

经过一年多的运营，北京特产专营店逐渐步入正轨，并在 2022 年 10 月、2022 年 11 月开通了付费推广，付费推广活动结束后，领导安排小王统计这两个月的付费推广数据，形成专项数据报表，以便分析推广效果，并为之后活动的开展提供参考依据。小王制作专项数据报表的具体步骤如下。

步骤 1：明确报表制作的需求。

小王创建专项数据报表的目的是分析付费推广的效果。

步骤 2：选择数据指标。

小王选择需要呈现的重要数据指标，包括展现量、点击量、点击率、成交笔数、销售额、关键词花费、点击转化率、投入产出比。

步骤3：搭建报表框架。

小王根据选择的数据指标，完成报表框架的搭建，并特别添加报表使用说明。报表框架如图7-15所示。

时间	展现量	点击量	点击率	成交笔数	销售额	关键词花费	点击转化率	投入产出比
2022年10月								
2022年11月								
环比增长率								

北京特产专营店关键词推广表

【报表使用说明】
1.使用时间维度：以月为单位
2.适用岗位：店长、数据分析人员、店铺运营人员
3.数据来源：淘宝关键词推广

图 7-15　报表框架 2

步骤4：采集与填充数据。

小王进入关键词推广界面，采集2022年10月、2022年11月的推广数据，并将其填充至报表中，如图7-16所示。

北京特产专营店关键词推广表

时间	展现量	点击量	点击率	成交笔数	销售额	直通车花费	点击转化率	投入产出比
2022年10月	204369	7265	3.55%	326	17936	7069	4.49%	2.54
2022年11月	320647	7928	3.44%	412	20756	8008	5.20%	2.59
环比增长率								

【报表使用说明】
1.使用时间维度：以月为单位
2.适用岗位：店长、数据分析人员、店铺运营人员
3.数据来源：淘宝关键词推广

图 7-16　填充数据 2

步骤5：分析数据与美化报表。

小王分别计算各个指标的环比增长率，并突出显示异常数据，如图7-17所示。

北京特产专营店关键词推广表

时间	展现量	点击量	点击率	成交笔数	销售额	关键词花费	点击转化率	投入产出比
2022年10月	204369	7265	3.55%	326	17936	7069	4.49%	2.54
2022年11月	320647	7928	3.44%	412	20756	8008	5.20%	2.59
环比增长率	56.90%%	9.13%	-3.10%	26.38%	15.72%	13.28%	15.81%	1.97%

【报表使用说明】
1.使用时间维度：以月为单位
2.适用岗位：店长、数据分析人员、店铺运营人员
3.数据来源：淘宝关键词推广

注：环比增长率按照四舍五入计算，保留两位小数。

图 7-17　计算环比增长率并突出显示异常数据

因小王通过报表发现，2022年11月的点击率相较于2022年10月呈现下降趋势，故小王需要分析近期是否修改过关键词的创意展现效果。此外，小王需要查看目前关键词的流量趋势，分析这些关键词最近的搜索量是否大幅度减少。

一、制作报表的要点

1. 明确报表的组成要素

要想创建完整、清晰的报表，需要明确其组成元素，包括报表主题、报表指标、报表维度、报表使用说明等。报表主题要能够体现分析目标，即客户期望从这个报表中获取的信息；明确报表主题后，需要进一步明确使用哪些报表指标来支撑对该主题的分析；报表使用说明用于说明报表中数据的时间维度、数据来源等。

2. 明确面向的目标客户

报表面向的目标客户不同，指标的选择和报表框架的搭建也会有所不同，如一线运营者更关注有利于开展工作的具体的指标；相比较而言，管理者更关注结论性指标。

3. 美化与完善报表

通过创建迷你图，设置数据条、图标等，可以突出显示报表中的重要数据。其中，迷你图是在单元格背景中显示的微型图表；设置数据条有助于查看某个单元格相对于其他单元格的值的大小，数据条越长，表示值越大；数据条越短，表示值越小。

二、常见的专项数据报表

1. 市场分析报表

市场分析报表中需要综合呈现行业数据、竞争数据。在制作市场分析报表时，需要结合分析目标，灵活选择数据指标。市场分析报表如表 7-1 所示。

表 7-1　市场分析报表

	时间	行业总销售额	行业平均利润	行业增长率	行业访客数	行业搜索人气	行业加购人数	行业卖家数	行业客单价
行业数据	2022年5月								
	2022年6月								
	2022年7月								
	2022年8月								
	2022年9月								

	时间	竞争对手A				竞争对手B			
		销量	客单价	销售产品数	毛利率	销量	客单价	销售产品数	毛利率
竞争数据	2022年5月								
	2022年6月								
	2022年7月								
	2022年8月								
	2022年9月								
竞争对手分析									

2. 运营分析报表

运营分析报表中需要综合呈现客户行为数据、推广数据、交易数据、服务数据、采购数据、物流数据、仓储数据。与日报表、周报表、月报表类似，在制作运营分析报表时，需要结合分析目标，灵活选择数据指标。

例如，若某店铺在 2022 年 10 月 1 日到 2022 年 10 月 7 日开展了周年店庆活动，活动结束后，需要统计活动期间无线端不同流量来源的各项数据，查看活动效果，则制作的某店铺周年店庆活动无线端流量报表如表 7-2 所示。

表 7-2　某店铺周年店庆活动无线端流量报表

流量来源	来源明细	访客数	下单买家数	下单转化率	支付买家数	支付转化率	支付金额	UV价值
付费流量	淘宝客							
付费流量	关键词推广							
付费流量	精准人群推广							
自主访问	购物车							
自主访问	我的淘宝							
淘内免费	手淘淘金币							
淘内免费	淘内免费其他							
淘内免费	手淘首页							
淘内免费	手淘搜索							
淘内免费	手淘消息中心							
淘内免费	手淘拍立淘							
淘内免费	手淘找相似							
淘内免费	手淘其他店铺							
淘内免费	手淘我的评价							
淘内免费	手淘微淘							

3. 产品分析报表

产品分析报表中需要综合呈现相关产品行业数据、产品运营数据。产品分析报表如表 7-3 所示。

表 7-3　产品分析报表

类别	时间	产品行业数据			产品运营数据						
		访客数	搜索指数	交易指数	访客数	详情页跳出率	销售量	销售额	退货率	客单价	毛利率
毛衣	2022年6月										
	2022年7月										
	2022年8月										
外套	2022年6月										
	2022年7月										
	2022年8月										
T恤	2022年6月										
	2022年7月										
	2022年8月										

任务三　图表制作

任务分析

在电子商务运营过程中，各类数据指标相互影响，要想直观地展现数据指标之间的联系，可以借助图表实现，化抽象为具体。小王之前已经了解了各类图表的特性和适用场景，他计划在日常的数据分析中，借助图表展示分析结果，以使各类分析结果清晰、直观。

任务实施

一、借助折线图分析店铺年度销量

小王通过淘宝的生意参谋统计出店铺 2018—2022 年的销量，现在他想要借助折线图分析店铺年度销量，计算环比增长率，根据环比增长率的变化趋势，预测 2023 年的销量。

步骤 1：整理数据。

将销量整理到 Excel 中，如图 7-18 所示。

	A	B	C	D	E	F
1	2018—2022年销量统计表（单位：万件）					
2	年份	2018年	2019年	2020年	2021年	2022年
3	销量	3506.9	3990.0	4503.0	6534.0	7723.0
4	环比增长率					

图 7-18　将销量整理到 Excel 中

步骤 2：计算环比增长率。

结合环比增长率的计算公式，分别计算 2018—2022 年的环比增长率。计算完成后，设置单元格格式。图 7-19 所示为计算出的 2018—2022 年的环比增长率。

	A	B	C	D	E	F
1	2018—2022年销量统计表（单位：万件）					
2	年份	2018年	2019年	2020年	2021年	2022年
3	销量	3506.9	3990.0	4503.0	6534.0	7723.0
4	环比增长率	\	13.78%	12.86%	45.10%	18.20%

注：环比增长率按照四舍五入计算，保留两位小数。

图 7-19　计算出的 2018—2022 年的环比增长率

步骤 3：制作双 Y 轴折线图。

因需要在图表中同时展现 2018—2022 年销量及环比增长率的变化趋势，故需要制作双 Y 轴折线图。选择 2018—2022 年的相关数据，插入图表，得出如图 7-20 所示的双 Y 轴折线图。

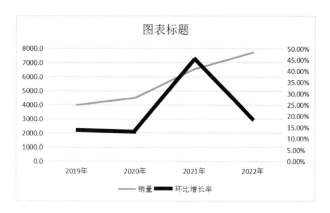

图 7-20 双 Y 轴折线图

步骤 4：完善图表要素并美化图表。

为了使图表内容更加清晰，小王将对图表要素进行完善并美化图表。美化后的折线图如图 7-21 所示。

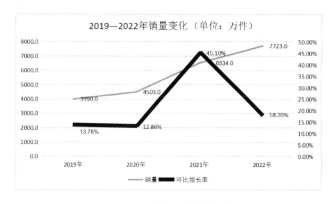

图 7-21 美化后的折线图

步骤 5：分析销量增长率。

小王通过分析得出，店铺 2019—2022 年的销量在持续增加，故他预测 2023 年的销量也将持续增加。同时，小王观察到，2022 年销量的环比增长率较 2021 年销量的环比增率有所降低。因此，在备货期间，不宜过度增加产品的储备量。

二、借助柱形图分析店铺产品价格区间

为进一步明确店铺中产品的定价是否合理，以及客户的消费偏好在哪个价格区间，小王决定对店铺 2022 年 1—6 月的产品销量和销售额按照价格区间进行统计，分析不同产品价格区间的销售额占比。

步骤 1：整理数据。

将店铺 2022 年 1—6 月的产品销量和销售额按照价格区间整理到 Excel 中，如图 7-22 所示。

步骤 2：为数据求和。

选择总销售额所在的单元格，输入"=SUM（C3:C10）"，计算 2022 年 1—6 月的

总销售额，如图 7-23 所示。

	A	B	C
1	店铺2022年1—6月销售统计表		
2	价格区间（元）	销量（件）	销售额（元）
3	50~100（不包括100）	39	2340
4	100~150（不包括150）	67	7370
5	150~200（不包括200）	123	20664
6	200~250（不包括250）	276	60720
7	250~300（不包括300）	150	36000
8	300~350（不包括350）	74	23680
9	350~400（不包括400）	36	13212
10	400以上	11	4950

图 7-22　将销量和销售额整理到 Excel 中

C11　fx　=SUM(C3:C10)

	A	B	C
1	店铺2022年1—6月销售统计表		
2	价格区间（元）	销量（件）	销售额（元）
3	50~100（不包括100）	39	2340
4	100~150（不包括150）	67	7370
5	150~200（不包括200）	123	20664
6	200~250（不包括250）	276	60720
7	250~300（不包括300）	150	36000
8	300~350（不包括350）	74	23680
9	350~400（不包括400）	36	13212
10	400以上	11	4950
11	合计	776	168936

图 7-23　计算总销售额

步骤 3：计算销售额占比。

完成总销售额的计算后，还需要计算各个价格区间的销售额占比，在 Excel 中输入需要计算的字段名，依次计算不同价格区间的销售额占比，如图 7-24 所示。

D3　fx　=C3/$C$11

	A	B	C	D
1	店铺2022年1—6月销售统计表			
2	价格区间（元）	销量（件）	销售额（元）	销售额占比
3	50~100（不包括100）	39	2340	1.39%
4	100~150（不包括150）	67	7370	4.36%
5	150~200（不包括200）	123	20664	12.23%
6	200~250（不包括250）	276	60720	35.94%
7	250~300（不包括300）	150	36000	21.31%
8	300~350（不包括350）	74	23680	14.02%
9	350~400（不包括400）	36	13212	7.82%
10	400以上	11	4950	2.93%
11	合计	776	168936	100.00%

注：销售额占比按照四舍五入计算，保留两位小数。

图 7-24　计算不同价格区间的销售额占比

步骤4：制作柱形图。

选择 A3:A10 单元格区域和 D3:D10 单元格区域，单击"插入"选项卡的"图表"功能组中的"插入柱形图"按钮，在弹出的下拉菜单中选择"二维柱形图"→"堆积柱状图"命令，即可插入柱形图，如图 7-25 所示。

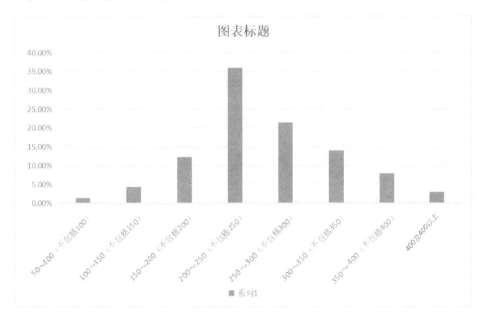

图 7-25 插入柱形图

步骤5：完善图表要素并美化图标。

补充图表标题，添加数据标签，使得图表主题清晰，方便后续分析。美化后的柱形图如图 7-26 所示。

图 7-26 美化后的柱形图

步骤6：分析产品价格区间。

小王通过分析得出，店铺销售额占比最高的产品价格区间为 200～250（不包括 250）

元，其次为 250～300（不包括 300）元。可以根据产品价格区间情况，改变价格策略，产品定价不易过高或过低。

三、借助气泡图分析店铺销售额地区分布

步骤 1：整理数据。

小王统计出店铺各地区产品的销售额、销售额占比，并将其整理到 Excel 中，如图 7-27 所示。

	A	B	C
1	店铺各地区销售统计表（单位：万元）		
2	地区	销售额	销售额占比
3	华东	262	7.59%
4	华北	639	18.51%
5	华南	789	22.86%
6	西南	263	7.62%
7	西北	658	19.06%
8	东南	485	14.05%
9	东北	356	10.31%
10	合计	3452	100.00%

图 7-27　将销售额和销售额占比添加到 Excel 中

步骤 2：制作气泡图。

选择 A3:C9 单元格区域，单击"插入"选项卡的"图表"功能组中的"推荐的图表"按钮，在弹出的"更改图表类型"对话框的"所有图表"选项卡中选择左侧的"XY（散点图）"选项，选择右侧的"三维气泡图"选项，单击"确定"按钮，即可插入气泡图，如图 7-28 和图 7-29 所示。

图 7-28　插入气泡图 1

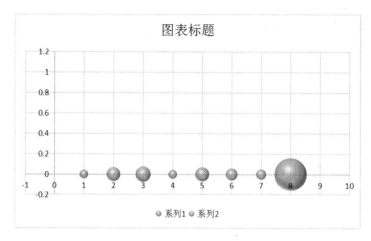

图 7-29 插入气泡图 2

步骤 3：设置相关参数及坐标轴格式。

下面设置气泡图的 X 轴系列值、Y 轴系列值等。单击"图表工具"栏的"设计"选项卡的"数据"功能组中的"选择数据"按钮，在弹出的"编辑数据系列"对话框中，设置系列名称、X 轴系列值、Y 轴系列值、系列气泡大小等，如图 7-30 所示。同时，双击坐标轴，设置坐标轴格式，如图 7-31 所示。

图 7-30 设置相关参数

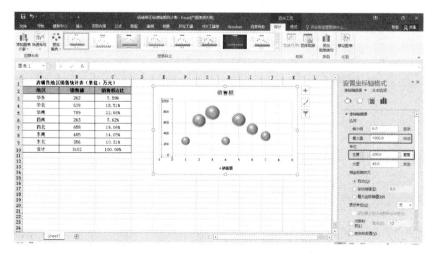

图 7-31 设置坐标轴格式

步骤4：添加数据标签及地域名。

选择气泡图中的任意一个气泡并右击，在弹出的快捷菜单中选择"添加数据标签"→"添加数据标签"命令，并设置数据标签位置为"居中"，即可完成数据标签的添加。为了使目标客户的地域分布更清晰，可以在气泡上添加区域名称，如图7-32所示。

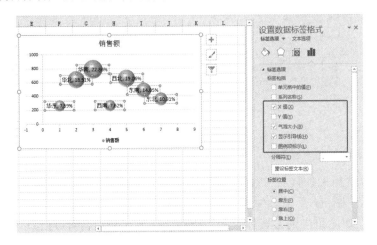

图7-32　添加数据标签及地域名

步骤5：完善图表要素并美化图表。

为制作的气泡图补充图表要素，包括图表标题、图例、数据标签等，并结合图表美化的要点，从数据墨水比最大化、颜色、数字格式等方面进行美化设计。美化后的气泡图如图7-33所示。

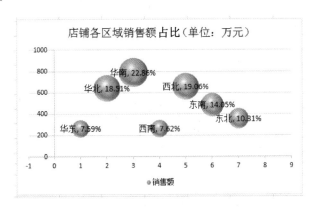

图7-33　美化后的气泡图

步骤6：分析数据。

通过观察气泡图的大小可以发现，华南地区的销售占比最大；通过观察气泡图的高度可以发现，华南地区的销售额最大。因此，小王可以通过气泡图分析店铺各区域的销售额情况。

四、借助饼图分析店铺产品销售额占比

小王通过淘宝的生意参谋统计出店铺同规格产品2022年10月的销售数据，现在他

想要借助饼图分析 2022 年 10 月各产品的销售额占比，以便调整产品补货计划。

步骤 1：整理数据。

将销售额整理到 Excel 中，如图 7-34 所示。

	A	B
1	产品	销售额（元）
2	驴打滚	6510
3	蜜麻花	8066
4	龙须酥	4272
5	豌豆黄	1879.8
6	冰糖葫芦	10348
7	油炒面	1678
8	枣花酥	3390
9	茯苓夹饼	1794
10	艾窝窝	1003.4
11	京八件	5156
12	云片糕	709.6
13	栗子羹	2248

图 7-34　将销售额整理到 Excel 中

步骤 2：计算销售额占比。

以驴打滚为例，输入"=B2/SUM($B$2:$B$13)"，为了避免复制公式到其他单元格时出现计算错误，进行销售额求和时需要在公式中插入绝对引用。按照计算驴打滚的方法依次完成其他产品的计算，如图 7-35 所示。

C2		× ✓ fx	=B2/SUM($B$2:$B$13)	
	A	B	C	D
1	产品	销售额（元）	销售额占比	
2	驴打滚	6510	13.83%	
3	蜜麻花	8066	17.14%	
4	龙须酥	4272	9.08%	
5	豌豆黄	1879.8	3.99%	
6	冰糖葫芦	10348	21.99%	
7	油炒面	1678	3.57%	
8	枣花酥	3390	7.20%	
9	茯苓夹饼	1794	3.81%	
10	艾窝窝	1003.4	2.13%	
11	京八件	5156	10.96%	
12	云片糕	709.6	1.51%	
13	栗子羹	2248	4.78%	

注：销售额占比按照四舍五入计算，保留两位小数。

图 7-35　计算销售额占比

步骤 3：插入饼图。

为了制作的图表更实用，选择"销售额占比"列中的任意一个数据并右击，在弹出的快捷菜单中选择"排序"→"降序"命令。设置完成后，选择 A2:A13 单元格区域和 C2:C13 单元格区域，单击"插入"选项卡的"图表"功能组中的"插入饼图"按钮，在弹出的下拉菜单中选择"二维饼图"→"饼图"命令即可插入饼图，如图 7-36 所示。

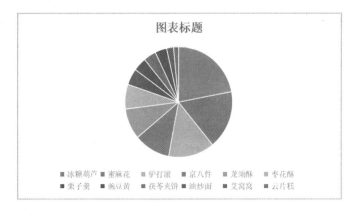

图 7-36　插入饼图

步骤 4：添加图表元素。

单击图表右侧的"加号"按钮，添加图表元素，如图表标题、数据标签等，如图 7-37 所示。饼图在数据系列太多的情况下，不建议添加图例，而建议将产品名称直接显示在饼图中。选择饼图中的任意一个数据并右击，在弹出的快捷菜单中选择"设置数据标签格式"命令，在"设置数据标签格式"窗格中勾选"单元格中的值"复选框，即可完成设置，如图 7-38 和图 7-39 所示。

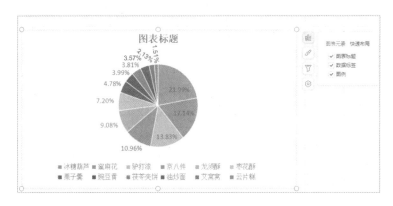

图 7-37　添加图表元素

图 7-38　"设置数据标签格式"窗格

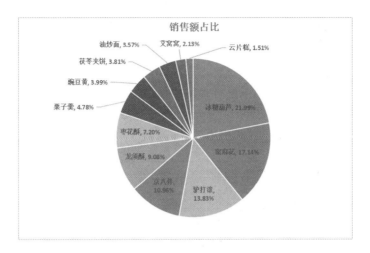

图 7-39　添加产品名称

步骤 5：美化图表。

对图表进行美化，选择图表中需要美化的文字并右击，在弹出的快捷菜单中选择"编辑文字"命令，调整文字颜色、大小等，使图表更加美观、清晰。美化后的饼图如图 7-40 所示。

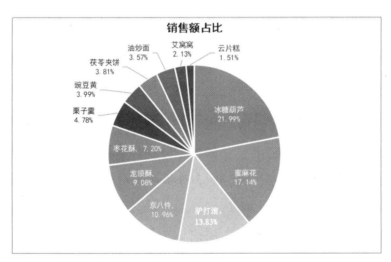

图 7-40　美化后的饼图

步骤 6：分析数据。

小王通过分析得出，冰糖葫芦、蜜麻花、驴打滚、京八件这几种产品销售额占比较高。因此，可以增加冰糖葫芦、蜜麻花、驴打滚、京八件这几种产品的存储量补货，而像云片糕、艾窝窝等产品，则可以设置相应的优惠活动，以增加销量，减少存储量。

五、借助散点图分析店铺客单价及毛利率的相关性

小王统计出店铺 2022 年 7—12 月的成交客户数、销售额、成本等。为了明确店铺 2022 年 7—12 月各月客单价与毛利率的相关性，小王计划借助相应的图表进行可视化展现，

以清晰地呈现数据之间的关系，并据此发现运营过程中的不足，及时调整新一年的运营策略。

步骤 1：整理数据。

将成交客户数、销售额、成本整理到 Excel 中，如图 7-41 所示。

	A	B	C	D
1	统计日期	成交客户数	销售额（元）	成本（元）
2	7月	408	13527	9786
3	8月	522	19053	10023
4	9月	417	12510	10796
5	10月	601	34776	20350
6	11月	586	14814	9006
7	12月	876	23800	10800

图 7-41　将成交客户数、销售额、成本整理到 Excel 中

步骤 2：计算客单价。

根据客单价的计算公式计算 7 月的客单价。输入"=C2/B2"，即可计算出 7 月的客单价。拖动 E2 单元格右下方的填充柄，即可计算出其他月份的客单价，如图 7-42 所示。

E2		× ✓ fx	=C2/B2		
	A	B	C	D	E
1	统计日期	成交客户数	销售额（元）	成本（元）	客单价（元）
2	7月	408	13527	9786	33
3	8月	522	19053	10023	37
4	9月	417	12510	10796	30
5	10月	601	34776	20350	58
6	11月	586	14814	9006	25
7	12月	876	23800	10800	27

注：客单价按照四舍五入计算，保留整数。

图 7-42　计算客单价

步骤 3：计算毛利率。

根据毛利率的计算公式计算 7 月的毛利率。输入"=(C2-D2)/C2"，即可计算出 7 月的毛利率。拖动 F2 单元格右下方的填充柄，即可计算出其他月份的毛利率，如图 7-43 所示。

F2		× ✓ fx	=(C2-D2)/C2			
	A	B	C	D	E	F
1	统计日期	成交客户数	销售额（元）	成本（元）	客单价（元）	毛利率
2	7月	408	13527	9786	33	27.66%
3	8月	522	19053	10023	37	47.39%
4	9月	417	12510	10796	30	13.70%
5	10月	601	34776	20350	58	41.48%
6	11月	586	14814	9006	25	39.21%
7	12月	876	23800	10800	27	54.62%

注：毛利率按照四舍五入计算，保留两位小数。

图 7-43　计算毛利率

步骤 4：插入散点图。

选择客单价、毛利率这两组数据，单击"插入"选项卡的"图表"功能组中的插入"散点图（X、Y）或气泡图"按钮，在弹出的下拉菜单中选择"散点图"→"散点图"命令，即可插入散点图，如图 7-44 所示。

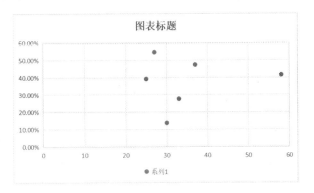

图 7-44　插入散点图

步骤 5：添加图表元素。

单击图表右侧的"加号"按钮，依次添加图表元素，如坐标轴标题、图表标题等，其中 X 轴表示客单价，Y 轴表示毛利率，依次完成各项设置，如图 7-45 所示。

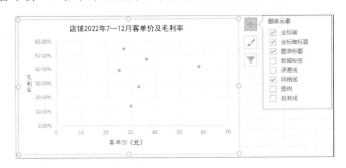

图 7-45　添加图表元素

步骤 6：添加数据标签。

为了使数据和月份相对应，可以添加数据标签。选择散点图中的任意一个散点并右击，在弹出的快捷菜单中选择"添加数据标签"→"添加数据标签"命令，并设置数据标签位置为"居中"，即可完成数据标签的添加。选择散点图中的任意一个数据并右击，在弹出的快捷菜单中选择"设置数据标签格式"命令，在"设置数据标签格式"窗格中勾选"单元格中的值"复选框。添加数据标签如图 7-46 所示。

步骤 7：美化图表。

图表中的曲线、条形、扇形等代表的是数据信息，又称数据元素；网格线、坐标轴、填充色等与数据无关的信息叫作非数据元素，在制作图表时应该将其删除。删除散点图中多余的网格线后，即可完成散点图的制作。美化后的散点图如图 7-47 所示。

步骤 8：分析数据。

小王通过分析得出，9 月的客单价及毛利率均不高，需要分析是什么原因造成了客单价的下滑。若因店铺推广活动结束而下滑，则属于周期性下降，无须过多干预。客单价下滑还可能是因为在咨询转化过程中，客服没有推荐其他相关产品，抑或推荐成功的产品价位相对较低。此外，客单价下滑也有可能是因为活动期间的优惠券设置不够合理。在设置第一阶梯的优惠门槛时需要考虑店铺的实际情况，不可将其设置过高。

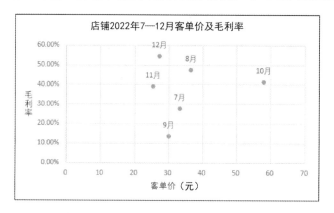

图 7-46　添加数据标签

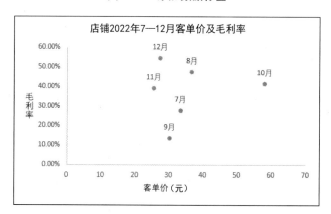

图 7-47　美化后的散点图

六、借助雷达图分析产品竞争能力

步骤 1：整理数据。

小王将店铺 2022 年 1—6 月的 5 种产品的销量（单位：件）整理到 Excel 中，如图 7-48 所示。

	A	B	C	D	E	F
1	月份	冰糖葫芦	蜜麻花	驴打滚	京八件	龙须酥
2	1月	150	256	160	178	324
3	2月	200	210	200	124	442
4	3月	200	104	200	112	523
5	4月	100	163	150	163	478
6	5月	160	182	150	144	567
7	6月	160	192	123	156	326

图 7-48　将销量整理到 Excel 中

步骤 2：制作雷达图。

选择所有数据区域，单击"插入"选项卡的"图表"功能组中的"推荐的图表"按钮，在弹出的"更改图表类型"对话框的"所有图表"选项卡中，选择左侧的"雷达图"选项，选择右侧的"带数据标记的雷达图"选项，单击"确定"按钮，即可插入雷达图如图 7-49 所示。

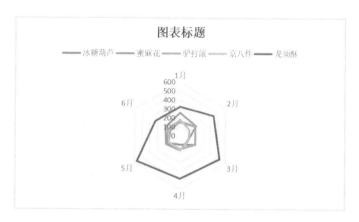

图 7-49　插入雷达图

步骤 3：美化图表。

初步形成的雷达图，存在数据显示杂乱、显示效果差的问题，需要对雷达图进行美化，包括去除数据标签、整体美化雷达图。美化后的雷达图如图 7-50 所示。

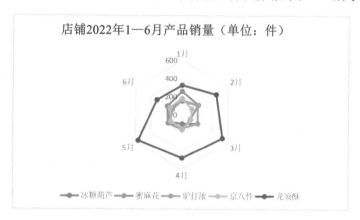

图 7-50　美化后的雷达图

步骤 4：分析产品竞争能力。

小王通过分析得知，龙须酥的销售情况最好，2022 年 1—6 月的销量均为最高，其余 4 种产品的销售情况大致相同，建议将龙须酥作为店铺的主打产品，增加龙须酥的存储量。

知识链接

一、图表设计原则

1. 数据墨水比最大化

数据墨水比最大化是指图表中每滴墨水都要有存在的理由。数据墨水比并不是真的要计算出一个比例,只是一个观念,即好的图表要尽可能地将墨水用在数据元素上(如表示数据的曲线、扇形等),而不是用在非数据元素上(如背景图片、网格线、坐标轴、填充色等)。

2. CRAP 原则

CRAP 原则是指对比、重复、对齐、亲密性这四大基本原则。对比是指避免界面上的元素太过相似;重复是指让设计中的视觉要素在整个图表中重复出现,如可以重复出现颜色、形状、线宽、字体等,这样既能提高条理性,又能提高统一性;对齐是指每个元素都应当与图表中的另一个元素有某种视觉联系;亲密性是指彼此相关的元素应当靠近,归组在一起,这样有助于降低混乱。

3. 选择合适的字体

选用合适的字体可以提高图表的整洁感和美观度,在一般情况下,图表中的中文字体推荐使用微软雅黑或宋体,数字和字母推荐使用 Arial,这样更为美观。

4. 图表的色彩应柔和、自然、协调

在图表中应使用相同色调的不同饱和度,以保证配色是协调、自然的。此外,在表示强调和对比时可以使用对比色。

二、图表制作要点

图表用于清晰地表现和传递数据中的信息。在制作图表的过程中,需要规避一些误区,从而制作出既符合规范,又美观大方,且能够准确传达信息的图表。

1. 图表制作的公共要点

不同类型的图表在制作的过程中有不同的要点,但其中存在一些共性,具体的制作要点如下。

(1)图表元素应完整。

图表需要包含完整的元素,分别包括图表标题、图例、单位、脚注、资料来源等。其中图表标题用于介绍图表的主题;图例用于展示不同项目的标识;单位用于表示图表中数据的单位;脚注用于对图表中的某个元素进行说明;资料来源用于赋予数据可信度。

(2)图表的主题应明确,应在标题中清晰地体现。

在图表的标题中直接说明观点或需要强调的重点信息,切中主题,如"公司销售额翻了一番""A 区产量居第二"等。

(3)避免生成无意义的图表。

由于在某些情境下,表格比图表更能有效地传递信息,因此应避免生成无意义的图表。

(4)坐标轴的刻度应从 0 开始。

若坐标轴的刻度不从 0 开始,则必须有充足的理由,且要添加截断标记。

2. 制作不同图表的要点

在制作图表的过程中,错误地选择坐标轴或缺失关键元素,会使图表的准确性降低,

表意不明。需要结合各类图表的特性及图表要表达的主题制作图表。下面基于 Excel 中的图表（柱形图、饼图、条形图）、折线图展开讲解。

1）柱形图

（1）柱形图的 Y 轴的刻度若无特殊原因则需要从 0 开始，即应有清晰的零基线。柱形图示例如图 7-51 所示。

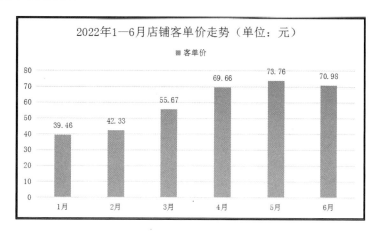

图 7-51　柱形图示例

（2）若分类标签过长导致重叠或倾斜，则应改用条形图。

（3）同一个数据系列的柱子应使用相同的颜色。

（4）柱形图的 X 轴不建议使用倾斜的标签，因为这样会增加阅读难度。

2）饼图

（1）在制作饼图时，数据项应从大到小进行排序，最大的扇形以时钟的 12 时为起点，顺时针旋转，示例如图 7-52 所示。

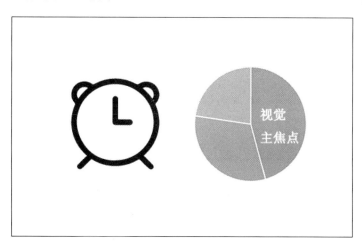

图 7-52　饼图示例 1

（2）饼图的数据项不应过多，建议保持在 5 个以内。

（3）不要使用爆炸式的"饼图分离"，对于想要强调的扇形，可以单独将其分离出来，示例如图 7-53 所示。

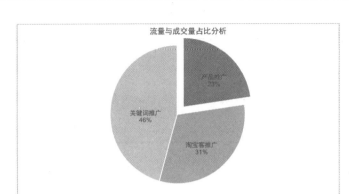

图 7-53　饼图示例 2

（4）饼图不建议使用图例，因为这样会增加阅读难度，可以将标签直接标在扇形内或旁边。

（5）当扇形内使用不同颜色填充时，推荐使用白色的边框线，这样具有较好的切割感。

3）条形图

（1）在制作条形图时应先将数据由大到小进行排列，以方便阅读。

（2）当分类标签特别长时，可以将其放在数据条与数据条之间的空白处。

（3）同一个数据系列应使用相同的颜色。

（4）建议添加数据标签，以方便阅读和理解。

4）折线图

（1）折线图选用的折线的线型应相对粗一些。

（2）折线一般不超过 5 条，太多容易显得凌乱。当数据系列过多时，建议分开制图。

（3）折线图的 X 轴不要使用倾斜的标签，这样会增加阅读难度。

（4）折线图的 Y 轴的刻度一般从 0 开始。

参考文献

[1] 商玮，段建，宋红昌.网店数据化运营[M].北京：人民邮电出版社，2018.

[2] 北京博导前程信息技术股份有限公司.电子商务数据分析基础[M].北京：高等教育出版社，2019.

[3] 北京博导前程信息技术股份有限公司.电子商务数据分析概论[M].北京：高等教育出版社，2020.

[4] 吴洪贵.商务数据分析与应用[M]. 北京：高等教育出版社，2019.

[5] 胡华江，杨甜甜，谈黎红.商务数据分析与应用[M].北京：电子工业出版社，2018.